选矿机械振动学

王新文　于 驰　赵国锋　等著

北 京
冶 金 工 业 出 版 社
2022

内容简介

本书共分7章，第1章论述了振动理论常用的力学和数学基础知识；第2章和第3章介绍了几种典型的单质体直线和圆振动机械，包括惯性振动给料机、直线振动筛以及复合干法分选机；第4~6章分别介绍了双质体振动机械，包括电磁振动给料机、振动卸料离心机和弛张筛；第7章介绍了卧式刮刀离心机的结构和拍振现象。

本书可供从事选矿（煤）机械设备研究、制造和管理人员参考，也可作为选矿（煤）专业的本科生和研究生教学用书。

图书在版编目(CIP)数据

选矿机械振动学/王新文等著．—北京：冶金工业出版社，2022.7

ISBN 978-7-5024-9178-9

Ⅰ.①选…　Ⅱ.①王…　Ⅲ.①选矿机械—机械振动—高等学校—教材　Ⅳ.①TD45

中国版本图书馆CIP数据核字（2022）第105257号

选矿机械振动学

出版发行　冶金工业出版社　　　电　话　(010)64027926

地　址　北京市东城区嵩祝院北巷39号　　　邮　编　100009

网　址　www.mip1953.com　　　电子信箱　service@mip1953.com

责任编辑　李培禄　卢　蕊　美术编辑　燕展疆　版式设计　郑小利

责任校对　石　静　责任印制　李玉山

三河市双峰印刷装订有限公司印刷

2022年7月第1版，2022年7月第1次印刷

710mm×1000mm　1/16；8.25印张；157千字；121页

定价46.00元

投稿电话　(010)64027932　投稿信箱　tougao@cnmip.com.cn

营销中心电话　(010)64044283

冶金工业出版社天猫旗舰店　yjgycbs.tmall.com

（本书如有印装质量问题，本社营销中心负责退换）

编 写 人 员

王新文　于　驰　赵国锋　徐宁宁

林冬冬　汤　森　耿润辉　王怡欣

张晓昆　李瑞乐

前　　言

振动机械是选矿机械中不可缺少的重要设备，随着智能化选矿厂的发展，振动机械的可靠性和稳定性尤为重要。为此，我们编写了《选矿机械振动学》一书，目的是帮助学生加强对振动机械基础理论的理解，培养学生解决较为复杂的振动问题的能力，使学生能够适应新时代我国选矿事业发展的需要。

本书力求理论联系实际，从振动机械的结构入手，明确机械的振动原理，从而简化力学模型；通过对研究对象进行受力分析，根据牛顿第二定律和达朗贝尔原理建立运动方程，得出相应的动力学响应。本书内容脉络清晰，由浅入深，简单易懂。

本书共分7章，第1章介绍关于振动理论常用的力学和数学基础知识。第2章、第3章介绍的是选矿厂常见的单质体振动机械，包括单自由度、两自由度和三自由度的振动机械的平面运动。第4~6章介绍了选矿厂常见的双质体振动机械，包括电磁振动给料机、振动卸料离心机和弛张筛。第7章介绍了刮刀离心机及其拍振。

中国矿业大学（北京）化学与环境工程学院矿物加工工程系对选矿振动机械的研究经历了一个漫长的过程，书中阐述的振动机械的结构特点和振动原理是在前人研究的基础上总结出来的，在此对全体矿加系师生的大力支持和帮助表示衷心的感谢！

由于水平所限，书中难免存在疏漏之处，恳望广大读者批评指正。

王新文

2022年3月

目　　录

第 1 章　振动理论基础

1.1　牛顿第二定律与达朗贝尔原理

物体的质量为 m，作用于物体上的合外力为 F，加速度为 a，根据牛顿第二定律得到运动方程：

$$F = ma \tag{1-1}$$

式（1-1）可转化为：

$$F + (-ma) = 0 \tag{1-2}$$

式（1-2）表明，物体上作用两个力，一个力是 F，另一个力是 $-ma$，这两个力平衡，这样就把动力学问题转化成了静力学问题。$-ma$ 叫惯性力，其大小为 ma，方向与加速度方向相反。在物体上加上惯性力，合外力与惯性力之和等于0，这就是达朗贝尔原理。利用这一原理，只要已知物体的质量和加速度，在物体上加上惯性力，然后进行受力分析，找全所有的力，就可以列出平衡方程。这种方法在机械振动及工程实际中常被用到。

与之相对应的还有转动方程：

$$T = J\varepsilon \tag{1-3}$$

式中　T——对物体施加的扭矩；

　　J——物体的转动惯量；

　　ε——物体的角加速度。

同样，将式（1-3）转化为以下形式：

$$T + (-J\varepsilon) = 0 \tag{1-4}$$

式（1-4）也是达朗贝尔原理的一种表达，即如果在物体上施加惯性力矩，惯性力矩加上其他所有力矩的和等于0。

1.2 平面运动、平动及力的平移定理

1.2.1 平面运动

在刚体运动过程中，如果刚体内部任意点与某固定的参考平面的距离始终保持不变，则称此运动为刚体的平面运动。例如车辆在做直线运动时，对于与轮胎平行的平面，车辆的车身或车轮上任意点到该平面的距离保持不变，车辆的运动就是平面运动。选矿振动机械的运动大多属于平面运动，例如振动筛、振动给料机等，机械在振动的过程中始终与某一平面的距离保持不变。

1.2.2 平动

刚体的平动：在刚体的整个运动过程中，刚体上任意两点所连成的直线始终保持平行。例如乘坐大型商场或地铁进出站口滚动电梯的人，虽然电梯有平段、上升段、下降段和圆弧段，但是乘坐电梯的人是平动。刚体的平动过程中，在任意一段时间内，刚体中所有质点的位移都是平行的，而且在任一时刻，各个质点的位移、速度和加速度也都是相同的，所以刚体内任何一个质点的运动都可以代表整个刚体的运动。因此在研究物体的平动时，可以不考虑物体的大小和形状，而把它作为质点来处理。

1.2.3 力的平移定理

由力的可传递性可知，力可以沿其作用线移动到刚体上任意一点，而不改变力对刚体的作用效应。

力的平移定理：作用于刚体上的力可以平行移动到刚体上任意一点，但必须同时在该移动平面内附加一个力偶，其力矩的大小等于力对该点的矩。

在研究振动机械时，常常利用力的平移定理将激振力平移到机械的质心上，然后再附加一个力偶，这样振动机械的运动就是物体随质心平动和绕质心转动的合成运动。

1.3 弹簧和阻尼

1.3.1 弹簧

弹簧是使振动物体产生恢复力的元件，弹簧力是位移的函数，即 $F = f(x)$，方向与 x 方向相反。

当 $f(x)$ 为线性函数时，$F = -kx$，比例常数 k 称为弹簧常数，这种弹簧称为线性弹簧，如图 1-1 所示。

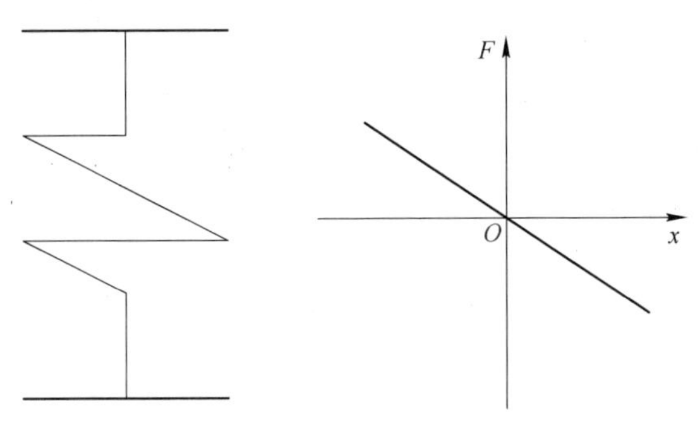

图 1-1　线性弹簧及其刚度特性

金属螺旋弹簧是线性的，橡胶弹簧和分段线性弹簧都属于非线性弹簧。如图 1-2 所示的橡胶弹簧，在力 F 的作用下，弹簧被压缩。右侧是力 F 与压

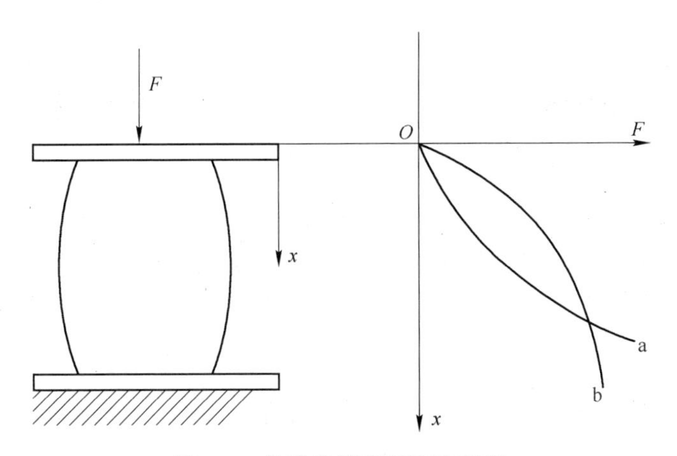

图 1-2　橡胶弹簧及其刚度特性

缩距离x的关系曲线，F与x之间并非线性关系。随着弹簧的压缩，增加相同压缩距离所需施加的压力非线性变化：图中a曲线表示的是越来越硬的情况，称为硬弹簧；相反，如果弹簧越压缩越容易，表现出b曲线的特性，称为软弹簧。

另一种常见的非线性弹簧是由线性弹簧组成的分段线性弹簧，图1-3是分段线性弹簧的力学模型和刚度特性。振动质体的两侧各有两个线性弹簧，其中一个线性弹簧与质体之间有缝隙e，当质体在缝隙之内振动时，弹簧作用于质体的力是线性的，刚度为k；当振幅增大超过缝隙e时，弹簧刚度在原有刚度k的基础上，又有新的刚度k_1参与使弹性恢复力增加。

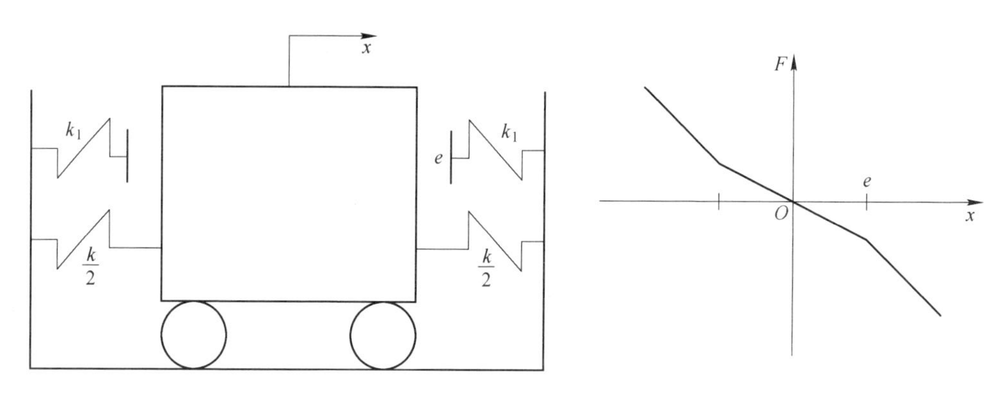

图1-3 分段线性弹簧的力学模型和刚度特性

一般振动机械的弹性元件是由几个或几组弹簧组合而成的，所以要求出弹簧的组合刚度。基本的组合方式有并联和串联，如图1-4所示。

首先确定方向，弹簧刚度$k = F/x$，F为该方向上的力的投影，x为该方向上的位移的投影。两个弹簧刚度均为k的弹簧并联，施加压力F，则每个弹簧上的压力为$F/2$，该方向的位移为$x = (F/2)/k$。总的力为F，总的位移为$x = (F/2)/k$，所以并联弹簧的弹簧刚度为$k_1 = F/x = 2k$。

两个弹簧刚度均为k的弹簧串联，施加压力F，则每个弹簧上的压力都为F，该方向的位移为$x = F/k$，总的位移为$x_1 = 2x = 2F/k$。所以串联弹簧的弹簧刚度为$k_1 = F/x_1 = k/2$。

图1-4（c）所示是串并联都有的混联弹簧，两个弹簧刚度均为k的弹簧并联之后，与一个弹簧刚度为k_1的弹簧串联。施加压力F后，弹簧刚度为k_1的弹簧位移为$x_1 = F/k_1$，并联弹簧的位移为$x_2 = (F/2)/k$，总的位移为

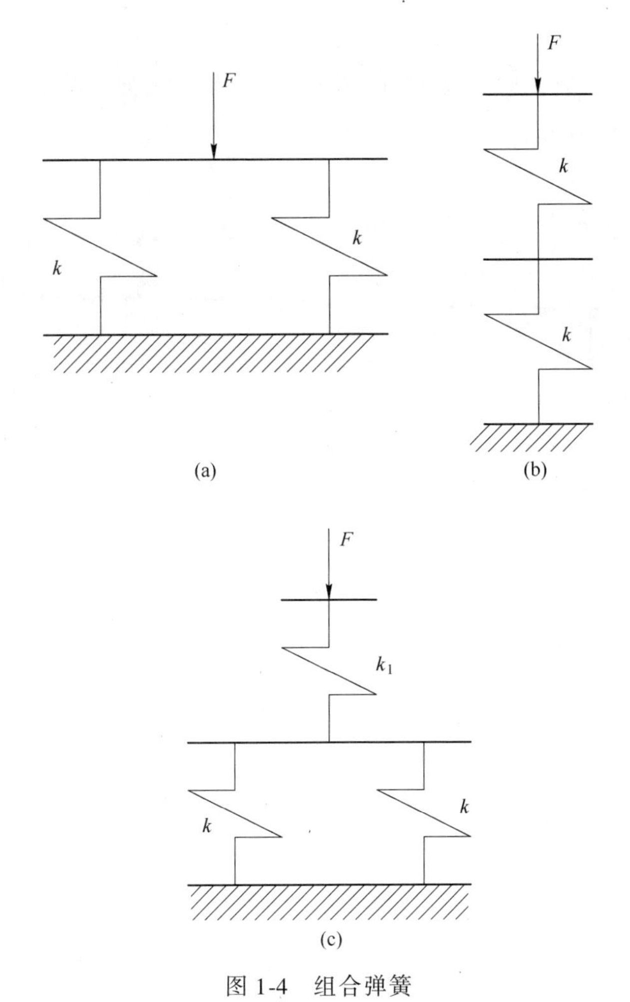

图 1-4 组合弹簧

(a) 并联弹簧；(b) 串联弹簧；(c) 混联弹簧

$x = x_1 + x_2$，所以混联弹簧的弹簧刚度为 $k_2 = F/x = 1/[1/k_1 + 1/(2k)] = 2kk_1/(2k + k_1)$。

振动筛等振动机械的振动方向与弹簧轴线成一定的角度，所以要先建立该方向的坐标系，力和位移在该方向的投影相除得到该方向的弹簧刚度。

1.3.2 阻尼

常见的振动阻尼有库仑阻尼、黏性阻尼、流体阻尼、结构阻尼等。

(1) 库仑阻尼。作用在固体表面上的摩擦力为 f，垂直力为 N，则

$$f = \mu N \tag{1-5}$$

式中，μ 为摩擦系数，它与接触面的材料、粗糙度、接触面积的大小和润滑情况等有关。摩擦力的大小与振动速度无关，摩擦力的方向与振动速度方向相反。

（2）黏性阻尼。理想无摩擦的单摆在真空中振动永不停止，而在空气和液体中振动一定时间就会停止，这是因为流体对振动产生了阻力，这种阻力与相对速度成正比，即

$$F_n = -c\dot{x} \tag{1-6}$$

式中，c 为阻尼系数；$\dot{x}$ 为振动速度；负号表示阻尼力的方向与振动速度方向相反。其力学模型如图1-5所示。

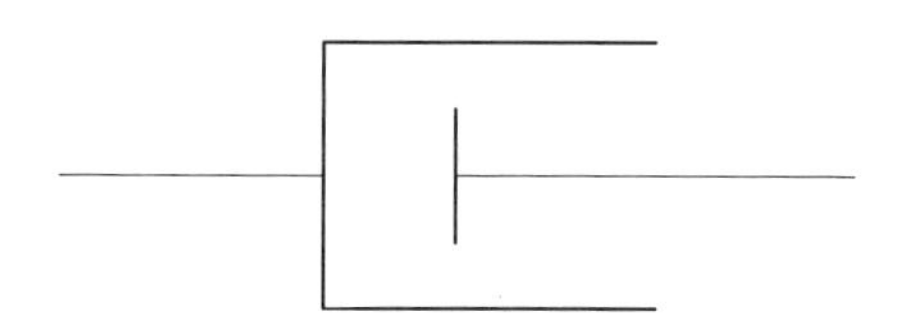

图1-5 黏性阻尼力学模型

振动筛停车后，经过一段时间不再振动，就是由于阻尼的作用，其中就有空气黏性阻尼。

振动位移为 $x = A\sin\omega t$ 的质体，运动的黏性阻尼力为 $F = -c\dot{x} = -c\omega A\cos\omega t$，力与位移之间的关系为：

$$F = \pm c\omega A\sqrt{1 - \sin^2\omega t} \tag{1-7}$$

$$\begin{cases} F_1 = -c\omega\sqrt{A^2 - x^2} & -\dfrac{\pi}{2} < \omega t < \dfrac{\pi}{2} \\ F_2 = c\omega\sqrt{A^2 - x^2} & \dfrac{\pi}{2} < \omega t < \dfrac{3\pi}{2} \end{cases} \tag{1-8}$$

$$\left(\frac{F}{c\omega A}\right)^2 + \left(\frac{x}{A}\right)^2 = 1 \tag{1-9}$$

它的轨迹是椭圆。

对于位移为 $x = A\sin\omega t$ 的单自由度强迫振动，质体受力平衡方程为：

$$M\ddot{x} + c\dot{x} + kx = F_0\sin(\omega t + \phi) \tag{1-10}$$

方程两边同乘 $\mathrm{d}x$，并在一个周期内进行积分，即

$$\int_T (M\ddot{x} + c\dot{x} + kx)\,\mathrm{d}x = \int_T F_0 \sin(\omega t + \phi)\,\mathrm{d}x$$

$$\int_T (M\ddot{x}\dot{x} + c\dot{x}\dot{x} + kx\dot{x})\,\mathrm{d}t = \int_T F_0 \dot{x} \sin(\omega t + \phi)\,\mathrm{d}t$$

$$\int_T c\dot{x}^2 \mathrm{d}t = \int_T F_0 \dot{x} \sin(\omega t + \phi)\,\mathrm{d}t \tag{1-11}$$

式（1-11）说明，一个周期 T 内，激振力所做的功等于阻尼消耗的功。

一个周期 T 内，阻尼消耗的功为：

$$\begin{aligned}
\int_T c\dot{x}\mathrm{d}x &= \int_T c\dot{x}^2 \mathrm{d}t \\
&= \int_T c\ (\omega A\cos\omega t)^2 \mathrm{d}t \\
&= \int_0^{2\pi/\omega} c\omega^2 A^2 \cos^2 \omega t \mathrm{d}t \\
&= \frac{1}{2} c\omega A^2 \int_0^{2\pi} (1 + \cos 2\omega t)\,\mathrm{d}\omega t \\
&= \pi c\omega A^2
\end{aligned}$$

一个周期 T 内，激振力所做的功为：

$$\begin{aligned}
\int_T F\mathrm{d}x &= \int_0^{2\pi/\omega} F_0 \sin(\omega t + \phi)\,\omega A\cos\omega t \mathrm{d}t \\
&= F_0 A \int_0^{2\pi} (\sin\omega t\cos\omega t\cos\phi + \cos^2 \omega t\sin\phi)\,\mathrm{d}\omega t \\
&= F_0 A\sin\phi \int_0^{2\pi} \cos^2 \omega t \mathrm{d}\omega t \\
&= \pi F_0 A\sin\phi
\end{aligned}$$

因此：

$$\pi c\omega A^2 = \pi F_0 A\sin\phi$$

$$A = \frac{F_0}{c\omega}\sin\phi$$

（3）流体阻尼。当物体以较大的速度在黏性较小的流体中运动时，阻力与速度的平方成正比，即

$$F = c\dot{x}^2 \tag{1-12}$$

式中，c 为常数，F 的方向与速度方向相反。

（4）结构阻尼。除了上述由振动质体运动引起的阻力外，材料变形也会

产生内部摩擦形成阻力，称为结构阻尼。结构阻尼与弹性力是结伴而生、相互并存的。

对振动筛的橡胶弹簧施加压力，使其产生压缩变形，绘制出压力与位移的关系曲线。由材料力学可知，卸载时的力与位移关系曲线不按原加载曲线的路径走，即加载和卸载时的力与位移关系曲线不是同一条线，而是一条闭合曲线。

如图1-6所示，橡胶弹簧加载和卸载时的力与位移关系曲线形成一个顺时针旋转的闭合曲线。它表明：在相同位移下，卸载力比加载力小。加载力乘以位移即力对材料所做的功，大于卸载力乘以位移即材料回复力对外所做的功，卸载滞后消耗的能量是材料内部摩擦阻尼消耗的功，消耗功产生了热量。这种力与位移不是线性关系的材料，通常称为非线性材料，否则称为线性材料。金属螺旋弹簧的力与位移关系曲线近似是直线，金属螺旋弹簧是线性材料，而橡胶弹簧是非线性材料。

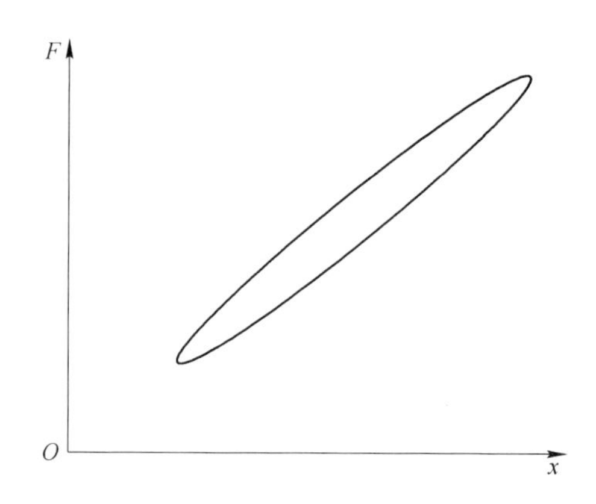

图1-6 橡胶弹簧加载和卸载时的力与位移关系

振动位移为 $x = A\cos\omega t$ 的质体运动受到的弹簧力为：

$$\begin{aligned} F &= c\dot{x} + kx \\ &= -c\omega A\sin\omega t + kA\cos\omega t \\ &= \sqrt{(c\omega A)^2 + kA^2}\cos(\omega t + \varphi) \\ &= F_0\cos(\omega t + \varphi) \end{aligned} \tag{1-13}$$

式中，$\tan\varphi = \dfrac{c\omega}{k}$，$\varphi$ 称为滞后角，与阻尼力的大小有关。反过来，如果已知

受力，也可以将其拆解为阻尼力和刚度力：

$$\begin{aligned} F &= F_0\cos(\omega t+\varphi) \\ &= F_0\cos\omega t\cos\varphi - F_0\sin\omega t\sin\varphi \\ &= \frac{F_0\sin\varphi}{\omega A}\dot{x} + \frac{F_0\cos\varphi}{A}x \\ &= c\dot{x} + kx \end{aligned} \tag{1-14}$$

其中刚度系数为：

$$k = \frac{F_0\cos\varphi}{A} \tag{1-15}$$

阻尼系数为：

$$c = \frac{F_0\sin\varphi}{\omega A} \tag{1-16}$$

也可以根据滞回曲线上一个循环内结构阻尼消耗的功来求刚度系数和阻尼系数。

一个循环内阻尼消耗的功为：

$$\begin{aligned} W &= \int_T F\mathrm{d}x \\ &= \int_T F\dot{x}\mathrm{d}t \\ &= -\int_0^T F_0\cos(\omega t+\varphi)\omega A\sin\omega t\mathrm{d}t \\ &= -F_0A\int_0^{2\pi}(\cos\omega t\cos\varphi - \sin\omega t\sin\varphi)\sin\omega t\mathrm{d}\omega t \\ &= -F_0A\left(\cos\varphi\int_0^{2\pi}\sin\omega t\cos\omega t\mathrm{d}\omega t - \sin\varphi\int_0^{2\pi}\sin^2\omega t\mathrm{d}\omega t\right) \\ &= \frac{1}{2}F_0A\sin\varphi\int_0^{2\pi}(1-\cos2\omega t)\mathrm{d}\omega t \\ &= \pi F_0A\sin\varphi \\ &= \pi c\omega A^2 \end{aligned}$$

一个循环内的材料消耗功与振动受空气黏滞阻尼类似，因此可以将结构阻尼和黏性阻尼合并成总的阻尼。由于 $W_t = \pi c_t\omega A^2$，所以总的阻尼系数为：

$$c_t = \frac{W_t}{\pi\omega A^2} \tag{1-17}$$

根据 $x = A\cos\omega t$，$F = c\dot{x} + kx = -c\omega A\sin\omega t + kA\cos\omega t$，可知当 $\omega t_1 = 0$ 时，$x_{max} = A$，$F_1 = kA$；当 $\omega t_2 = \pi$ 时，$x_{min} = -A$，$F_2 = -kA$。所以单个弹簧的刚度系数为：

$$k = \frac{F_1 - F_2}{x_{max} - x_{min}} \tag{1-18}$$

求出单个弹簧的刚度系数和阻尼系数后，如果振动筛用了 n 个弹簧，则代入振动微分方程中求得总的刚度和阻尼。以单自由度为例：

$$M\ddot{x} + c_t\dot{x} + nkx = F\sin\omega t \tag{1-19}$$

$$\ddot{x} + 2\xi\omega_0\dot{x} + \omega_0^2 x = \frac{F}{M}\sin\omega t \tag{1-20}$$

其中固有频率为：

$$\omega_0 = \sqrt{\frac{nk}{M}}$$

阻尼比为：

$$\xi = \frac{c_t}{2\sqrt{nkM}}$$

大多数材料的滞回曲线并不是图 1-6 所示的标准椭圆，常见的是图 1-7 所示的情况，$F = c\dot{x} + kx + \alpha x^3 = -c\omega A\sin\omega t + kA\cos\omega t + \alpha A^3\cos^3\omega t$，即刚度具有三次方的附加力。此时在椭圆的端部会出现上翘或下降，表明刚度具有非线性。

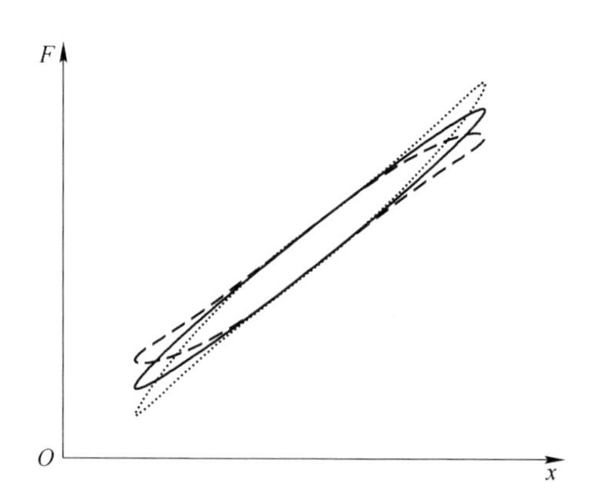

图 1-7　非线性材料加载和卸载时的力与位移关系

如图1-7所示，当$\alpha = 0$时为线性刚度；当$\alpha > 0$时曲线上翘，弹簧具有硬特性；当$\alpha < 0$时曲线下降，弹簧具有软特性。具有非线性刚度的弹簧在求解阻尼系数时没有什么变化，而在求解刚度系数时就不能简单套用上述方法，就要求出刚度系数k和三次项系数α。

有阻力的运动就要消耗能量，对于单质体惯性振动机械，存在阻力的地方有：

（1）质体和偏心块的运动受空气阻力；

（2）弹簧两端相对运动的内部摩擦力；

（3）物料与筛面之间相对运动产生的阻力；

（4）偏心块轴承运动产生的摩擦力。

前三部分就是建立的力学模型中的阻尼。

一般电机的选择要考察两个因素：

（1）电机的启动力矩足够大，能够启动负载；

（2）电机功率要大于负载在正常运行过程中所需要的功率。

1.4 振动机械的阻尼耗能

振动机械的阻尼包括机体运动的空气阻力、弹簧内部结构的摩擦和物料与振动床面的摩擦阻力，它们的共同特点是阻力都与速度的一次方成正比。以下研究的阻尼耗能指的是空气阻尼耗能、弹簧阻尼耗能和物料阻尼耗能的和，阻尼系数也是空气阻尼系数、弹簧阻尼系数和物料阻尼系数的和。

设振动质体的运动方程为：

$$x = A\sin(\omega t - \varphi_x) \tag{1-21}$$

$$y = B\sin(\omega t - \varphi_y) \tag{1-22}$$

式中 A，B——质体在x、y方向上的振幅，m；

φ_x，φ_y——质体在x、y方向上的位移与激励力的相位差。

位移矢量表示为：

$$\boldsymbol{r} = x\boldsymbol{i} + y\boldsymbol{j} \tag{1-23}$$

阻尼力为：

$$f = -c\dot{r} \tag{1-24}$$

阻尼力消耗的微功为：

$$\mathrm{d}W = f\mathrm{d}r = -c\dot{r}\mathrm{d}r \tag{1-25}$$

由于 $\mathrm{d}r = \dot{r}\mathrm{d}t$，所以

$$\begin{aligned} \mathrm{d}W &= -c\dot{r}^2\mathrm{d}t \\ &= -c(\dot{x}^2 + \dot{y}^2)\mathrm{d}t \\ &= -c\dot{x}^2\mathrm{d}t - c\dot{y}^2\mathrm{d}t \\ &= \mathrm{d}W_x + \mathrm{d}W_y \end{aligned}$$

振动一周所用的时间为周期 $T = \dfrac{60}{n}$，其中 n 为转速，r/min。为了用正值表示功耗，在消耗功的前面加上负号。

x 方向上阻尼消耗的功率为：

$$\begin{aligned} N_x &= -\frac{n}{60 \times 1000}\int_0^T \mathrm{d}W_x \\ &= \frac{n}{60 \times 1000}\int_0^T c_x\dot{x}^2\mathrm{d}t \\ &= \frac{c_x n}{60000}\int_0^T \omega^2 A^2\cos^2(\omega t - \varphi_x)\mathrm{d}t \end{aligned}$$

如果振幅以毫米（mm）为单位，则：

$$\begin{aligned} N_x &= \frac{c_x n\omega A^2}{60 \times 10^9}\int_0^{2\pi} \cos^2(\omega t - \varphi_x)\mathrm{d}\omega t \\ &= \frac{c_x n\omega A^2}{2 \times 60 \times 10^9}\int_0^{2\pi} [1 + \cos 2(\omega t - \varphi_x)]\mathrm{d}\omega t \\ &= \frac{2\pi c_x n\omega A^2}{2 \times 60 \times 10^9} \end{aligned}$$

$$N_x = \frac{1}{2}c\omega^2 A^2 \times 10^{-9} \tag{1-26}$$

同理 y 方向上阻尼消耗的功率为：

$$N_y = \frac{1}{2}c\omega^2 B^2 \times 10^{-9} \tag{1-27}$$

其中

$$c = 2\xi\omega_0 M \tag{1-28}$$

考虑到机体运动的空气阻力、弹簧的结构阻尼以及物料与筛面的摩擦，建议 ξ 的值在 0.12~0.15 范围内选取。

（1）椭圆振动机械：$N = \frac{1}{2}c\omega^2(A^2 + B^2) \times 10^{-9}$。$A$、$B$ 分别为椭圆的长半轴和短半轴，m。

（2）圆振动机械：$N = c\omega^2 A^2 \times 10^{-9}$。$A$ 为圆的半径，m。

（3）直线振动机械：$N = \frac{1}{2}c\omega^2 A^2 \times 10^{-9}$。$A$ 为直线振动的单振幅，m。

例 1-1 一台直线振动筛质量为 5000kg，振幅为 5mm，转速为 $n = 960$r/min，$\omega = 100.53\text{s}^{-1}$，$\omega_0 = 20.2\text{s}^{-1}$，$\xi = 0.15$，$c = 2\xi\omega_0 M = 30300$Ns/m，$N = \frac{1}{2}c\omega^2 A^2 \times 10^{-9} = 3.83$kW。

1.5 数学基础知识

1.5.1 泰勒级数

在处理非线性函数时，为了计算方便，常用泰勒级数展开，变成 n 次多项式，即当 x 在包含 x_0 的区间（a, b）内具有直到（n+1）阶导数，则当 n 趋于无穷大时，有下面的等式成立：

$$f(x + x_0) = f(x_0) + f'(x_0)x + \frac{f''(x_0)}{2!}x^2 + \cdots + \frac{f^n(x_0)}{n!}x^n \tag{1-29}$$

特别是当 x 很小时，忽略高阶无穷小，就有以下近似等式：

$$f(x + x_0) \approx f(x_0) + f'(x_0)x + \frac{f''(x_0)}{2!}x^2 + \cdots \tag{1-30}$$

在实际应用中，要视 x 的大小和计算精度的要求决定略去泰勒级数的多少项。同理，当 n 趋于无穷大时，二元函数的泰勒级数为：

$$f(x + x_0, y + y_0) = f(x_0, y_0) + \left(x\frac{\partial}{\partial x} + y\frac{\partial}{\partial y}\right)f(x_0, y_0) +$$

$$\frac{1}{2!}\left(x\frac{\partial}{\partial x}+y\frac{\partial}{\partial y}\right)^2 f(x_0,\ y_0)+\cdots+$$

$$\frac{1}{n!}\left(x\frac{\partial}{\partial x}+y\frac{\partial}{\partial y}\right)^n f(x_0,\ y_0) \tag{1-31}$$

当 x、y 较小时，二元函数可以近似计算为以下有限项泰勒级数：

$$f(x+x_0,\ y+y_0)\approx f(x_0,\ y_0)+\left(x\frac{\partial}{\partial x}+y\frac{\partial}{\partial y}\right)f(x_0,\ y_0)+$$

$$\frac{1}{2!}\left(x\frac{\partial}{\partial x}+y\frac{\partial}{\partial y}\right)^2 f(x_0,\ y_0)+\cdots \tag{1-32}$$

以上近似式根据 x、y 的大小和计算精度的要求不同斟酌取舍。

1.5.2　傅里叶级数

在振动信号中，不但有正弦波这样的简单波形，而且还存在着复杂的波形。当波形为周期函数时，可以把它写成简单的三角函数之和，即展开成傅里叶级数的形式，这样就可以看出该周期信号的频率和幅值成分。

如果函数是在周期内连续或只有有限个第一类间断点，且只有有限个极值点的周期信号，均可展开成：

$$f(t)=\frac{a_0}{2}+\sum_{n=1}^{\infty}(a_n\cos n\omega t+b_n\sin n\omega t) \tag{1-33}$$

其中

$$a_0=\frac{\omega}{\pi}\int_0^{2\pi/\omega}f(t)\mathrm{d}t \tag{1-34}$$

$$a_n=\frac{\omega}{\pi}\int_0^{2\pi/\omega}f(t)\cos n\omega t\mathrm{d}t \tag{1-35}$$

$$b_n=\frac{\omega}{\pi}\int_0^{2\pi/\omega}f(t)\sin n\omega t\mathrm{d}t \tag{1-36}$$

$$f(t)=\frac{a_0}{2}+\sum_{n=1}^{\infty}A_n\sin(n\omega t+\theta_n) \tag{1-37}$$

其中

$$A_n=\sqrt{a_n^2+b_n^2} \tag{1-38}$$

$$\tan\theta_n=\frac{a_n}{b_n} \tag{1-39}$$

以上说明周期信号可展开成三角函数的傅里叶级数，傅里叶级数也可以表示为复数形式。

由欧拉公式得：

$$\sin n\omega t = \frac{e^{in\omega t} - e^{-in\omega t}}{2i} \tag{1-40}$$

$$\cos n\omega t = \frac{e^{in\omega t} + e^{-in\omega t}}{2} \tag{1-41}$$

$$\begin{aligned} f(t) &= \frac{a_0}{2} + \sum_{n=1}^{\infty}(a_n \cos n\omega t + b_n \sin n\omega t) \\ &= \frac{a_0}{2} + \sum_{n=1}^{\infty}\left(\frac{a_n - ib_n}{2} e^{in\omega t} + \frac{a_n + ib_n}{2} e^{-in\omega t}\right) \\ &= \frac{a_0}{2} + \sum_{n=1}^{\infty}(c_n e^{in\omega t} + c_{-n} e^{-in\omega t}) \\ &= \sum_{n=-\infty}^{\infty} c_n e^{in\omega t} \end{aligned} \tag{1-42}$$

其中

$$c_0 = \frac{a_0}{2} \tag{1-43}$$

$$c_n = \frac{a_n - ib_n}{2} \tag{1-44}$$

$$c_{-n} = \frac{a_n + ib_n}{2} \tag{1-45}$$

周期信号的频谱是离散的。把周期函数$f(t)$展开为傅里叶级数后，可以用模、相角和频率表示，也可以用实部、虚部和频率来表示。在实部、虚部频谱图中频率横坐标是（$-\infty$，∞），而在三角函数的傅里叶级数频谱图中频率横坐标是单边的（0，∞），因此实部、虚部频谱图中的幅值是单边频谱的一半，即$c_n = \frac{A_n}{2}$。

当周期趋于无穷大时，周期信号就成了非周期信号，基频就小到趋于0，周期信号的频谱间隔$\Delta\omega = \omega = \frac{2\pi}{T}$趋于0，离散谱就变成了连续谱。

$F(\omega)=\int_{-\infty}^{\infty}f(t)\mathrm{e}^{-i\omega t}\mathrm{d}t$ 称为$f(t)$ 的傅里叶变换，$f(t)=\dfrac{1}{2\pi}\int_{-\infty}^{\infty}F(\omega)\mathrm{e}^{i\omega t}\mathrm{d}\omega$ 称为 $F(\omega)$ 的傅里叶逆变换。这样一个时域信号通过傅里叶变换就成了频域信号，其物理意义为：在 ω 处的函数值为 $F(\omega)$，在该信号中包含 $F(\omega)\sin\omega t$ 信号，或者说非周期信号的频率组成为 $0\sim+\infty$，只不过有不同大小的幅值。

1.5.3 二阶常系数线性微分方程

二阶常系数非齐次线性微分方程是振动问题中常见的数学方程，例如在弹簧质量系统中，如果激振力为 $F(t)=F\sin\omega t$，则运动方程为：

$$m\ddot{x}+c\dot{x}+kx=F\sin\omega t \tag{1-46}$$

将其写成标准形式：

$$\ddot{x}+2\xi\omega_0\dot{x}+\omega_0^2x=\frac{F}{m}\sin\omega t \tag{1-47}$$

式中，ξ、ω_0、F 在确定的力学模型中对应了确定的物理意义。

求二阶常系数非齐次线性微分方程的通解，就是求对应的齐次方程的通解和非齐次方程的一个特解，两者之和就是二阶常系数非齐次线性微分方程的通解。

第一步，求出齐次方程的特征根。

$$r^2+2\xi\omega_0r+\omega_0^2=0 \tag{1-48}$$

$$r_{1,2}=(-\xi\pm\sqrt{\xi^2-1})\omega_0 \tag{1-49}$$

第二步，根据特征根的不同情形，写出齐次方程的通解。

（1）$\xi>1$，$r_{1,2}$ 是两个不相等的实根，齐次方程的通解为：

$$x'(t)=c_1\mathrm{e}^{r_1t}+c_2\mathrm{e}^{r_2t} \tag{1-50}$$

（2）$\xi=1$，$r_1=r_2=-\xi\omega_0$ 是两个相等的实根，齐次方程的通解为：

$$x'(t)=(c_1+c_2t)\mathrm{e}^{-\xi\omega_0t} \tag{1-51}$$

（3）$0<\xi<1$，$r_{1,2}$ 是一对共轭复根，$r_{1,2}=(-\xi\pm i\sqrt{1-\xi^2})\omega_0$，齐次方程的通解为：

$$x'(t)=\mathrm{e}^{-\xi\omega_0t}[c_1\cos(\sqrt{1-\xi^2}\omega_0t)+c_2\sin(\sqrt{1-\xi^2}\omega_0t)] \tag{1-52}$$

第三步，求出非齐次方程的一个特解，假设其特解为 $x^*=A\sin(\omega t-$

φ），其中 A 与 φ 为待定常量。将 x^* 代入式（1-47）中并令等式两边恒等，就能够求出 A、φ。

第四步，非齐次方程的通解为 $x = x' + x^*$。

$0 < \xi < 1$ 时，$x'(t) = e^{-\xi\omega_0 t}[c_1\cos(\sqrt{1-\xi^2}\omega_0 t) + c_2\sin(\sqrt{1-\xi^2}\omega_0 t)]$ 的幅值是时间的负指数函数，随着时间的推移逐渐衰减为0。实践表明，所有的选矿振动设备，启动后不久就没有了这部分的振动，所以不特别说明，只研究特解部分。

振动微分方程的解也常用复数表示。在复平面内，半径为 F，以角速度 ω 旋转的矢量可表示为：

$$Z = Fe^{i(\omega t+\alpha)} \tag{1-53}$$

式中 α——初相位。

由欧拉公式可得

$$Z = F\cos(\omega t + \alpha) + iF\sin(\omega t + \alpha) \tag{1-54}$$

复数的实部为 $\mathrm{Re}Z = F\cos(\omega t + \alpha)$，复数的虚部为 $\mathrm{Im}Z = F\sin(\omega t + \alpha)$。在弹簧质量系统中，系统受到的激振力通常为 $f_1(t) = F\cos(\omega t + \alpha) = \mathrm{Re}Z$ 或者 $f_2(t) = F\sin(\omega t + \alpha) = \mathrm{Im}Z$。

令激振力以复数形式表示，则运动微分方程为：

$$m\ddot{x} + c\dot{x} + kx = Fe^{i(\omega t+\alpha)} \tag{1-55}$$

假设方程的解为：

$$x = Xe^{i(\omega t+\alpha+\varphi)} \tag{1-56}$$

则

$$\dot{x} = i\omega Xe^{i(\omega t+\alpha+\varphi)} \tag{1-57}$$

$$\ddot{x} = -\omega^2 Xe^{i(\omega t+\alpha+\varphi)} \tag{1-58}$$

将式（1-56）~式（1-58）代入式（1-55）中，并消去 $e^{i(\omega t+\alpha)}$ 得

$$-m\omega^2 Xe^{i\varphi} + ci\omega Xe^{i\varphi} + kXe^{i\varphi} = F \tag{1-59}$$

$$(k - m\omega^2 + ic\omega)Xe^{i\varphi} = F \tag{1-60}$$

$$\sqrt{(k - m\omega^2)^2 + (c\omega)^2}\,Xe^{i(\varphi+\gamma)} = F \tag{1-61}$$

$$\tan\gamma = \frac{c\omega}{k - m\omega^2} \tag{1-62}$$

令式（1-61）两边恒等得

$$X = \frac{F}{\sqrt{(k - m\omega^2)^2 + (c\omega)^2}} \tag{1-63}$$

$$\varphi = -\gamma \tag{1-64}$$

先用复数方法求出振动微分方程的复数解，然后根据激励为正弦或余弦函数，取复数解的实部或虚部。对于含有阻尼的微分方程的求解，复数法比三角函数法简便得多。

第 2 章　直线振动机械

单质体直线振动机械在选矿作业中应用非常广泛，例如振动给料机、直线振动筛和干法风力选煤机等。

振动给料机是利用振动床面来均匀输送散状物料的，它的应用范围很广，小至 0.1mm 的颗粒状物料，大至 1m 以上的大块物料。对于易飞扬的粉状物料以及环保要求较高的地方，给料机应制成密闭结构，在振动给料机入口和出口周围用软联接密封。在采用耐高温材料和冷却等措施后，可以输送高温物料。在装有防腐材料衬板的条件下还可以输送有腐蚀性的物料。

振动给料机按照激振器的形式可分为惯性振动给料机和电磁振动给料机。惯性振动给料机是单质体直线振动机械，电磁振动给料机是双质体直线振动机械。

2.1　惯性振动给料机

惯性振动给料机的激振力是不平衡质量旋转产生的惯性力。如图 2-1 所示，惯性振动给料机主要包括四部分：给料槽体、激振器、隔振弹簧和调频器。

（1）给料槽体。给料槽体是振动给料机物料承载部件，也称簸箕。槽底及侧面是与物料接触的工作面，装有耐磨衬板，磨损严重时予以更换。

（2）激振器。惯性激振器又分为振动电机和箱式激振器两种。中小型惯性振动给料机槽体体积小质量轻，一般由振动电机激振。

振动电机的结构如图 2-2 所示。电机转轴两端各安装两偏心块，其中一个用键或销固定在轴上，另一个偏心块松动螺栓后可以转动，调整两个偏心块之间的夹角后再紧固，就调整了激振力的大小，达到改变振幅的目的，调整时要注意两端偏心块的夹角要保持一致。如果振幅过大要调小时，增大偏心块之间的夹角；如果振幅过小要调大时，减小偏心块之间的夹角。

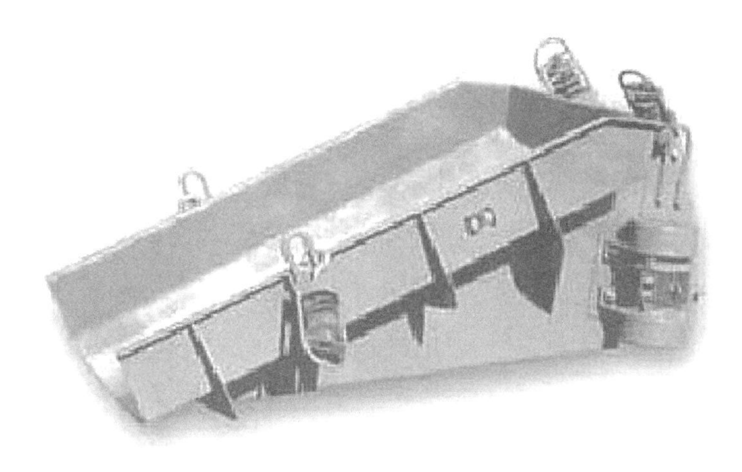

图 2-1　惯性振动给料机

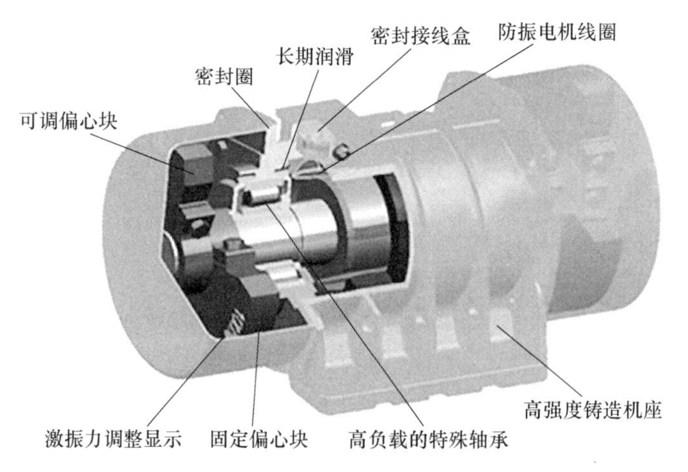

图 2-2　振动电机

图 2-2 彩图

（3）隔振弹簧。隔振弹簧是振动给料机与基础之间的弹簧，其作用是将振动质体的振动力尽可能小地传递给基础。弹簧刚度应尽可能小，这样相同的振幅通过弹簧传递给基础的力就小些。但是考虑到弹簧的寿命等因素，弹簧刚度也不能过低。尤其是橡胶弹簧，当刚度很低或承载压力过大时，橡胶弹簧会发生倾倒失稳现象。如果在失稳状态下振动给料机继续振动给料，有可能会造成给料机掉落事故。

（4）调频器。调频器是通过改变供电频率来改变振动给料机的振动频率的频率控制器，用于在线调整给料量。调频器频率增大，振动给料机振动频率增大，给料量增加；调频器频率减小，振动给料机振动频率减小，给料量减少。调频器可以在0~50Hz之间进行调整，但在10Hz以下存在振动给料机的共振频率，切记不能在该频率上停留。正常工作时，调频器保持在25~50Hz范围内就能够满足要求。

惯性振动给料机的结构如图2-3所示，给料槽底与水平面的夹角称为安装倾角，一般给料机的安装倾角为10°~12°。振动电机安装在侧帮上或后下方，电机轴的垂直平分线*s*—*s*与槽底之间的夹角为30°左右。通电后两台振动电机做反向回转，达到一定的转速后，两台振动电机就会同步，其合成的激振力与电机轴的垂直平分线重合，通过振动质体质心，并使给料槽体沿该方向做往复直线振动。

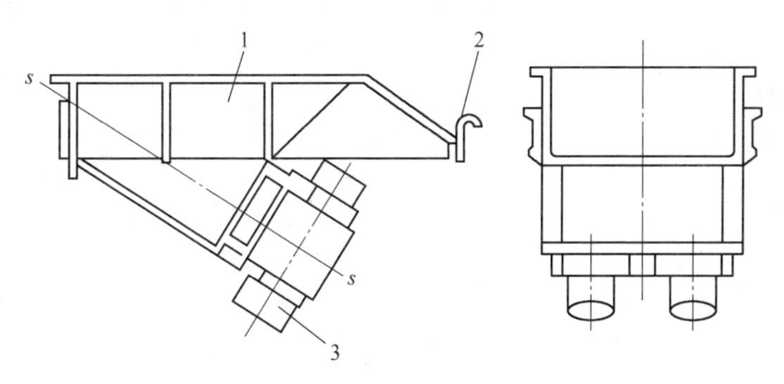

图2-3　惯性振动给料机结构

1—给料槽体；2—隔振弹簧；3—振动电机

两台振动电机反向回转的自同步原理如图2-4所示。振动电机刚启动时，两台振动电机的振动是杂乱无章的，振动给料机的振动也是杂乱无章的。当转速达到300r/min左右时，两台振动电机的转速就会同步，并且稳定到图2-4所示的相位上。此时在两轴心连线的方向上激振力互相抵消，在两轴心连线的垂直平分线方向上激振力互相叠加，因此形成了直线激振力，其大小为：

$$F = 2m\omega^2 r\sin\omega t \tag{2-1}$$

由于激振力通过振动给料机的质心，所以振动给料机会做往复直线运动，可以用一个坐标来描述该运动。

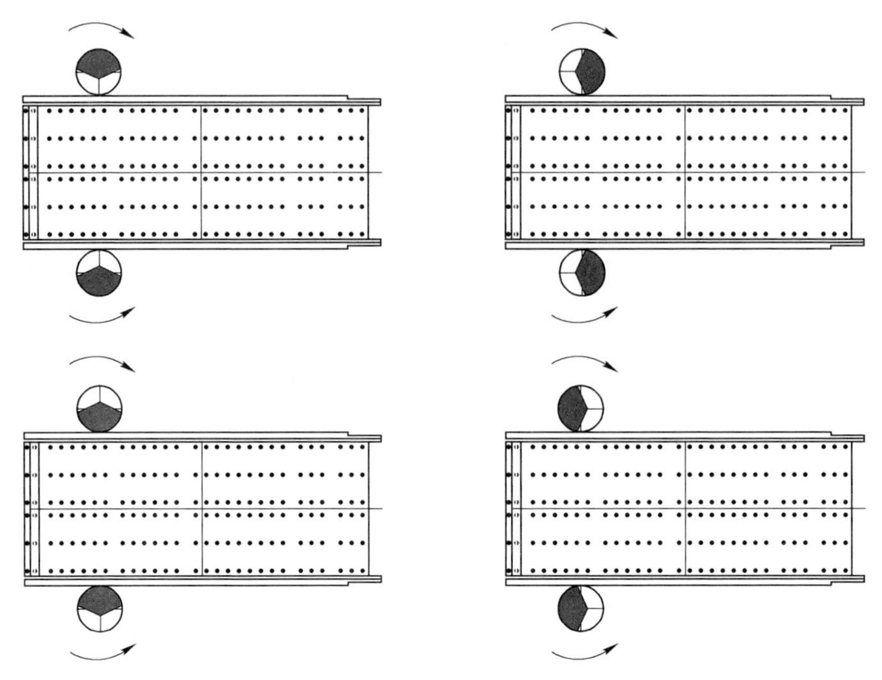

图 2-4　振动电机自同步原理

2.2　惯性直线振动筛

具有直线运动轨迹的惯性振动筛为惯性直线振动筛，简称直线振动筛。直线振动筛是目前我国矿山、冶金、电力等行业使用最广泛的一种振动筛，其激振力也是直线激励。激振器由两根轴组成，两根轴反向旋转，带动偏心质量产生离心力，所以又称双轴振动筛。

如图 2-5 所示，直线振动筛的结构主要包括：支撑弹簧、筛箱、激振器和传动装置。

激振器的工作原理如图 2-6 所示。两根轴上安装一对齿数相同的齿轮，当主动轴回转时，通过齿轮啮合带动从动轴同步反向回转。在各个瞬时位置，由不平衡质量回转产生的离心力沿 $x—x$ 方向的分力总是相互抵消，而沿 $y—y$ 方向的分力总是相互叠加，因此形成了单一的沿 $y—y$ 方向的激振力，驱动筛箱沿 $y—y$ 方向做往复直线运动。在（1）和（3）的位置上离心力完

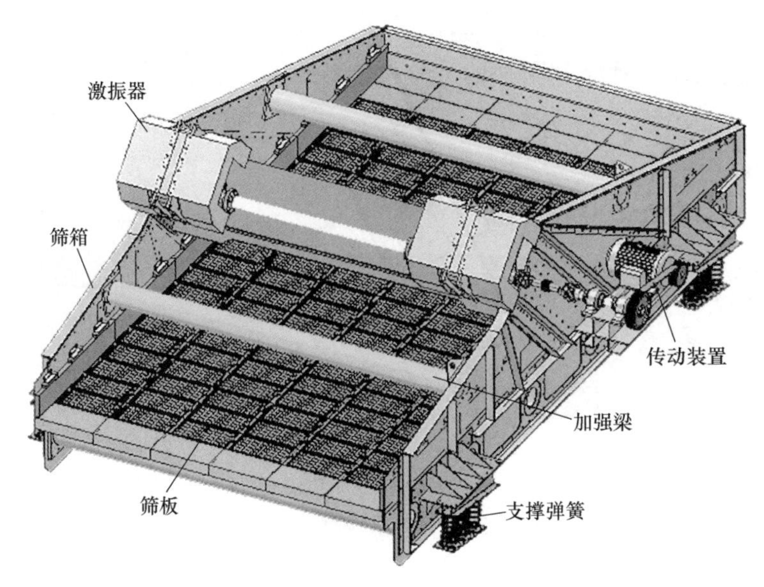

图 2-5 直线振动筛结构

图 2-5 彩图

全叠加，激振力最大；在（2）和（4）的位置上离心力完全抵消，激振力为零。

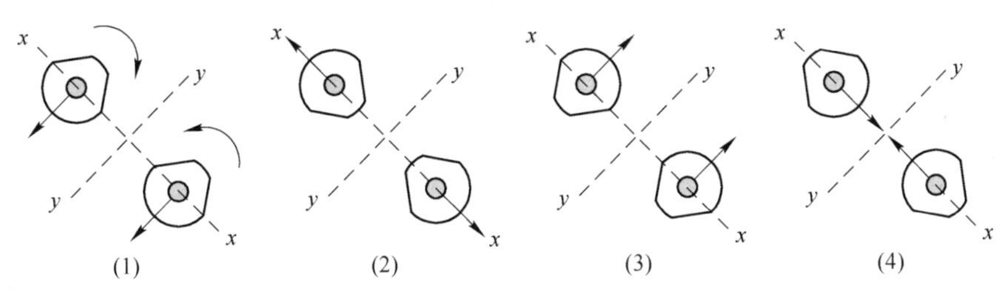

图 2-6 激振器工作原理

当偏心块回转时，一对偏心块所产生的离心力在 $y—y$ 方向的合力为：

$$F = 2m\omega^2 r\sin\omega t \tag{2-2}$$

式中 F ——一对偏心块所产生的激振力，N；

m ——每个偏心块的质量，kg；

ω ——偏心块的回转角速度，rad/s；

r ——偏心块的偏心距，m。

所有偏心块的离心力在 $y—y$ 方向的合力为：

$$F = \sum m\omega^2 r\sin\omega t \tag{2-3}$$

直线振动筛的受力情况如图 2-7 所示。与惯性振动给料机一样，也可将其抽象为简单的质量块、弹簧和阻尼的力学模型。

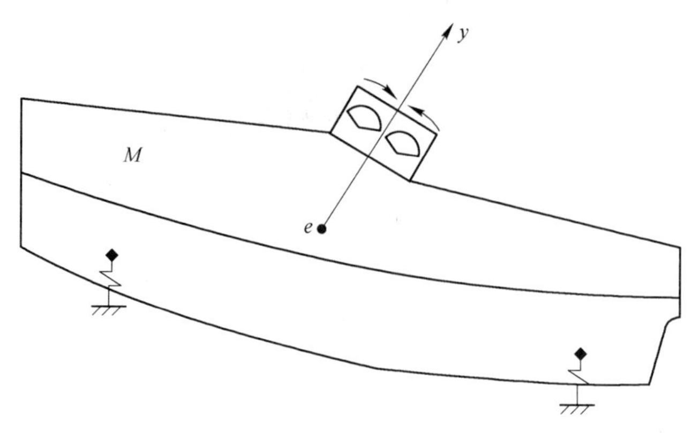

图 2-7　直线振动筛力学模型

2.3　复合式干法分选机

复合式干法分选机（风选机）是一种新型的分选机，其分选机理与重选的不同是不用水和重介质，借助床面振动和风力的双重作用进行分选。虽然分选精度不高，但对于我国水源不足的地区，具有现实意义和实用价值，给动力煤带来较高的经济效益。

如图 2-8 所示，复合式干法分选机主要由分选床、振动器、风室、机架和吊挂装置组成。其中分选床由床面、背板、格条、排料挡板组成。床面下有三个可控制风量的风室，由离心式风机供风，气流通过床面上的孔向上吹物料达到分选的目的。由吊挂装置将分选床、振动器悬挂在机架上，调整吊挂装置可任意调节分选床的纵向和横向角度。

物料由给料机送到风选机的入料口，进入具有一定纵向和横向角度的分选床，在床面上形成具有一定厚度的料层。料层中的底层物料受振动力作用向背板运动，由背板引导物料向上翻动。密度较低的煤翻动到上层，在重力作用下沿料层表面下滑。由于振动力和连续进入分选床的物料的压力，使不断翻转的物料形成螺旋运动并向另一端移动。床面宽度逐渐减缩，密度低的煤从料层表面下滑通过排料挡板上方排出，而密度较高的中煤、矸石和黄铁

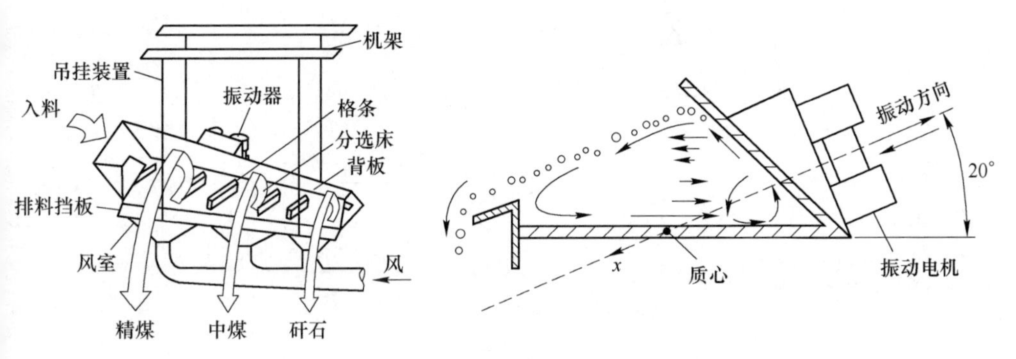

图 2-8 复合式干法分选机

矿等则逐渐集中到另一端排出。

复合式干法分选机为单质体振动机械，激振源为两台同型号的 6 级振动电机。两振动电机轴平行布置，两轴心连线的垂直平分线通过整个振动质体的质心。当两振动电机反向旋转达到一定转速后，两振动电机就会同步。此时在两轴心连线方向激振力互相抵消，两轴心连线的垂直平分线方向激振力互相叠加，这样风选机就会沿两轴心连线的垂直平分线方向往复直线振动。振动方向角一般为 20°左右。

2.4 单自由度振动的运动规律

综上所述，虽然惯性振动给料机、直线振动筛、风选机的结构不同，功能不同，但是它们的运动都有共同的特点：激振力是直线并通过振动质体的质心，所以质体的运动都属于平动，力学模型都可以简化为单质体单自由度的力学模型。

如图 2-9 所示为质量块、弹簧、阻尼力学模型，x 为绝对坐标，k 为 x 方向的弹簧刚度系数，c 为 x 方向的阻尼系数。偏心块质量为 m_0，偏心距为 r，转速为 n，角频率为 $\omega = \dfrac{\pi n}{30}$，激振力为 $F = \sum m_0\omega^2 r\sin\omega t = H\sin\omega t$。总参振质量为 M，$M = m + K_m m_m$，m 为振动机械的参振质量，m_m 为机械承载物料的质量，K_m 为物料结合系数。

根据牛顿第二定律，系统的振动微分方程为：

$$\sum m_0\omega^2 r\sin\omega t - c\dot{x} - kx = M\ddot{x} \tag{2-4}$$

$$M\ddot{x} + c\dot{x} + kx = \sum m_0\omega^2 r\sin\omega t \tag{2-5}$$

$$\ddot{x} + 2\xi\omega_0\dot{x} + \omega_0^2 x = \frac{\sum m_0\omega^2 r\sin\omega t}{M} \tag{2-6}$$

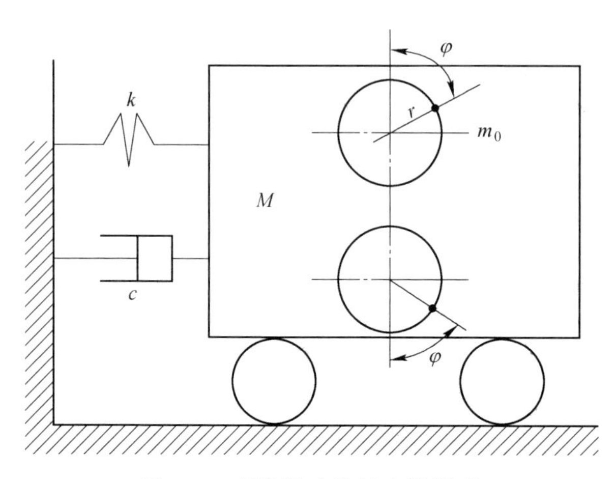

图 2-9　直线振动机械力学模型

其中系统的固有频率为：

$$\omega_0 = \sqrt{\frac{k}{M}}$$

阻尼比为：

$$\xi = \frac{c}{2\sqrt{kM}}$$

式（2-6）是二阶常系数非齐次线性微分方程，它的通解 x 由对应的齐次方程的通解 X 和非齐次方程的一个特解 x^* 两部分组成，即 $x = X + x^*$。

齐次方程的特征方程为：

$$r^2 + 2\xi\omega_0 r + \omega_0^2 = 0 \tag{2-7}$$

$$r_{1,2} = (-\xi \pm \sqrt{\xi^2 - 1})\omega_0 \tag{2-8}$$

一般情况下 $0 < \xi < 1$，$r_{1,2}$ 是一对共轭复根。

$$r_{1,2} = (-\xi \pm i\sqrt{1 - \xi^2})\omega_0 \tag{2-9}$$

$$X = e^{-\xi\omega_0 t}\left[c_1\cos(\sqrt{1-\xi^2}\,\omega_0 t) + c_2\sin(\sqrt{1-\xi^2}\,\omega_0 t)\right] \tag{2-10}$$

式中 c_1，c_2——待定系数，由初始条件确定。

X 的幅值是时间 t 的负指数函数，随着时间的推移逐渐衰减为 0。

设非齐次方程的特解为：

$$x^* = A\sin(\omega t - \varphi) \tag{2-11}$$

式中，A 和 φ 为待定常量。A 表示振幅，φ 表示位移落后激振力的相位。

$$\dot{x}^* = \omega A\cos(\omega t - \varphi) \tag{2-12}$$

$$\ddot{x}^* = -\omega^2 A\sin(\omega t - \varphi) \tag{2-13}$$

代入式（2-6）中并令等式两端恒等，解得：

$$A = \frac{\sum m_0 r}{M}\frac{z_0^2}{\sqrt{(1-z_0^2)^2 + (2\xi z_0)^2}} \tag{2-14}$$

$$\varphi = \operatorname{atan}\frac{2\xi z_0}{1-z_0^2} \tag{2-15}$$

其中频率比为：

$$z_0 = \frac{\omega}{\omega_0}$$

根据式（2-14），在不同的阻尼比下画出振幅 A 与频率比 z_0 的关系曲线，得到如图 2-10 所示的幅频特性曲线。根据式（2-15），在不同的阻尼比下画出相位 φ 与频率比 z_0 的关系曲线，得到如图 2-11 所示的相频特性曲线。这些曲线是指导工程应用的重要理论基础。

从幅频特性曲线中可以看出：

（1）当激励频率由 0 逐渐增大时，振幅从 0 随之增大。当激励频率等于固有频率，即 $z_0 = 1$ 时，发生共振，振幅达到最大。此后随着激励频率的增大振幅减小，当 $z_0 > 2.5$ 时，振幅达到稳定区域，$A \approx \frac{\sum m_0 r}{M}$。大部分单质体直线振动机械都工作在该区域，这个近似的振幅计算公式能够满足工程要求。

（2）阻尼的大小在共振区对振幅的影响较大，在远共振区对振幅的影响较小。测出共振振幅 A_g 和远共振振幅 A_y 后，可以根据振幅比得到阻尼比。

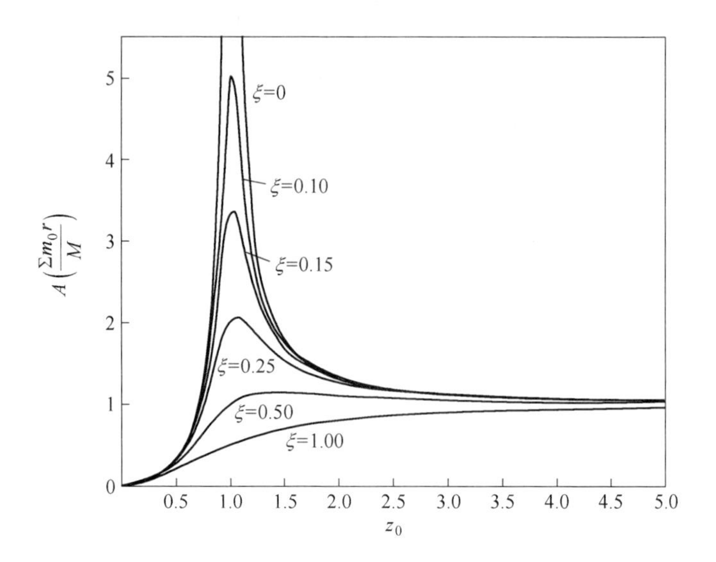

图 2-10　直线振动机械幅频特性曲线

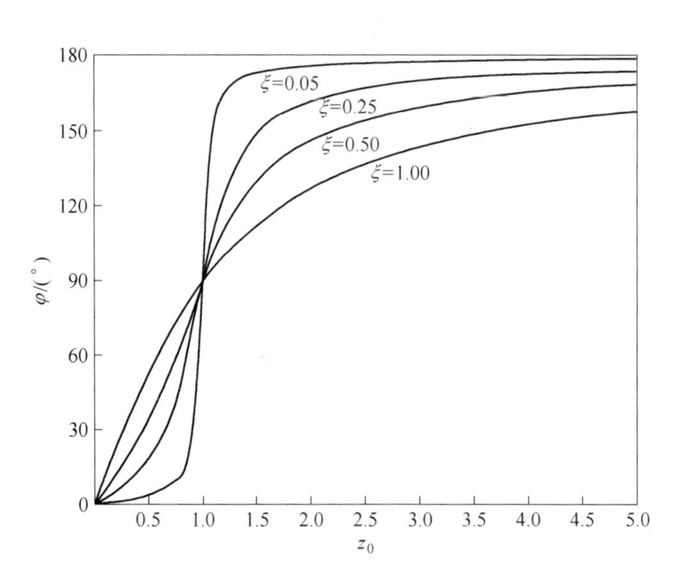

图 2-11　直线振动机械相频特性曲线

由式（2-14），$z_0 = 1$ 时的振幅为共振振幅，$A_g = \frac{\sum m_0 r}{M} \frac{1}{2\xi}$，$z_0 > 2.5$ 时

的振幅为远共振振幅，$A_y \approx \dfrac{\sum m_0 r}{M}$，$\dfrac{A_g}{A_y} \approx \dfrac{1}{2\xi}$。

$$\xi \approx \frac{A_y}{2A_g} \tag{2-16}$$

通过对惯性振动给料机、直线振动筛、风选机等的观测，发现共振振幅是正常工作振幅的 5 倍左右，所以一般直线振动机械的阻尼比 $\xi \approx 0.1$。

（3）振动机械对基础的动负荷是厂房土建的重要基础数据，振动机械厂家要为土建设计者提供该数据。振动机械对基础的动负荷为刚度力与阻尼力的和，即

$$\begin{aligned} F_d &= kx + c\dot{x} \\ &= kA\sin(\omega t - \varphi) + c\omega A\cos(\omega t - \varphi) \\ &= \sqrt{(kA)^2 + (c\omega A)^2}\sin(\omega t - \alpha) \\ &= kA\sqrt{1 + (2\xi z_0)^2}\sin(\omega t - \alpha) \\ &= k\frac{\sum m_0 r}{M}\frac{z_0^2\sqrt{1 + (2\xi z_0)^2}}{\sqrt{(1 - z_0^2)^2 + (2\xi z_0)^2}}\sin(\omega t - \alpha) \end{aligned} \tag{2-17}$$

振动机械对基础动负荷的最大幅值为：

$$H_T = k\frac{\sum m_0 r}{M}\frac{z_0^2\sqrt{1 + (2\xi z_0)^2}}{\sqrt{(1 - z_0^2)^2 + (2\xi z_0)^2}} = F_k\beta \tag{2-18}$$

对于远共振机械，$F_k = k\dfrac{\sum m_0 r}{M} = kA_y$，$F_k$ 是常数，基础所受的动负荷随频率比和阻尼比变化，即惯性振动给料机、直线振动筛等直线振动机械从开机到稳定运转，基础所受载荷是变化的，该变化与频率和阻尼有关。

$$\beta = z_0^2\sqrt{\frac{1 + (2\xi z_0)^2}{(1 - z_0^2)^2 + (2\xi z_0)^2}} \tag{2-19}$$

式中 β——动负荷系数。

在不同的阻尼比下，动负荷系数 β 随频率比 z_0 的变化如图 2-12 所示。

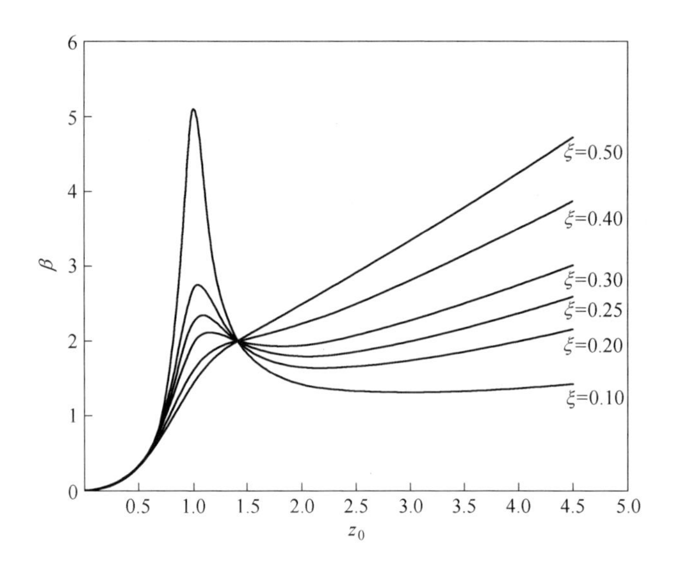

图 2-12　不同阻尼比下动负荷系数随频率比的变化

从图 2-12 中可以看出：

（1）当频率比 $z_0 = 3 \sim 3.5$ 时，综合考虑共振和正常工作时的基础动负荷，$\xi = 0.2 \sim 0.25$ 比较合适。此时共振区的动负荷不大，正常工作的动负荷放大系数为 2 左右。考虑到只是短时经过共振区，也可以选择 $\xi = 0.1$ 甚至更小。

（2）所有的曲线都通过同一点，即在此点处动负荷大小与阻尼无关，此时阻尼为 0 和阻尼为无穷大动负荷相等。

$$\frac{1}{z_0^2 - 1} = 1$$

$$z_0^2 = 2$$

$$\beta = 2$$

对于远共振机械，$F_k = k\dfrac{\sum m_0 r}{M} = kA_y$，正常工作在 $z_0 > 2.5$ 的稳定区域，远共振振幅 $A_y = \dfrac{\sum m_0 r}{M}$ 保持不变，基础所受的动负荷与弹簧刚度 k 成正比。振动机械的质量越大，弹簧的数量就越多，相应的弹簧总刚度越大，传递给基础的动负荷就越大，因此质量越大的振动机械对基础的动负荷越大。

积极隔振（主动隔振）是将振源隔离，减小传递到基础上的动压力，从而抑制振源对周围环境的影响。积极隔振的效果用力传递率（也称隔振系数）来衡量：

$$\eta_{\alpha} = \frac{H_{\mathrm{T}}}{H} \tag{2-20}$$

式中 H——激振力的幅值；

H_{T}——传递到基础上的力的幅值。

例如对于偏心质量惯性激振力的振动筛，激振力的幅值为 $H = m\omega^2 r$，传递到基础上的力的幅值为：

$$H_{\mathrm{T}} = H\frac{\sqrt{1+(2\xi z_0)^2}}{\sqrt{(1-z_0^2)^2+(2\xi z_0)^2}}$$

$$\eta_{\alpha} = \frac{H_{\mathrm{T}}}{H} = \frac{\sqrt{1+(2\xi z_0)^2}}{\sqrt{(1-z_0^2)^2+(2\xi z_0)^2}}$$

例 2-1 一台直线振动筛的参振质量为 12.5t，没有外加阻尼器。根据经验，阻尼比 $\xi \approx 0.1$。振动筛弹簧为金属螺旋弹簧，振动筛安装后，在铅垂方向的静变形为 40mm，螺旋弹簧的横向刚度按铅垂刚度的 1/3 计算。振动筛的振动方向与水平面的夹角为 45°，激振力通过质心。要求振幅 $A = 5$mm，用两个箱式激振器激励，激振器内部有一对齿轮强迫同步，每个激振器上有四个偏心块，偏心块的转速为 770r/min。求偏心块的偏心质量矩。

解：（1）如图 2-13 所示，当直线振动筛振动时，振动方向与水平方向的夹角为 α，在该方向上作用在螺旋弹簧上的力为 f，螺旋弹簧的变形为 δ。

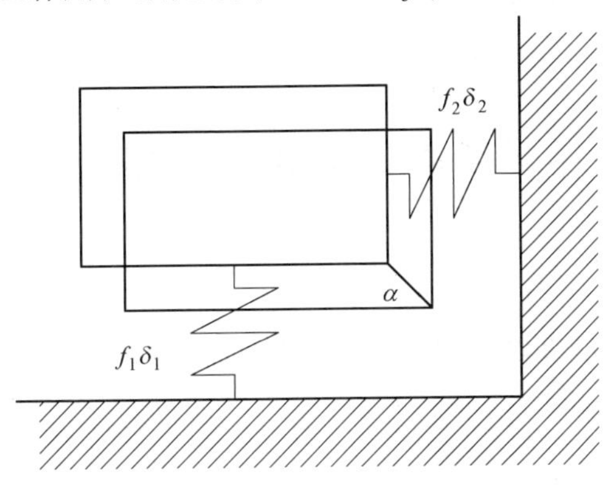

图 2-13 振动方向的弹簧刚度

螺旋弹簧的铅垂刚度为k_1，水平刚度为k_2，则$k_2=\frac{k_1}{3}$。设在铅垂方向上作用力为f_1，变形为δ_1，在水平方向上作用力为f_2，变形为δ_2，则$k_1=\frac{f_1}{\delta_1}$，$k_2=\frac{f_2}{\delta_2}$。

f_1、f_2在振动方向的投影为：$f'_1=f_1\sin\alpha$，$f'_2=f_2\cos\alpha$。

$$f=f'_1+f'_2=f_1\sin\alpha+f_2\cos\alpha=k_1\delta_1\sin\alpha+k_2\delta_2\cos\alpha$$

振动方向的位移为：$\delta=\sqrt{\delta_1^2+\delta_2^2}$。

由于振动方向与水平方向的夹角为α，所以$\delta_1=\delta_2\tan\alpha$。

振动方向的刚度为：

$$k=\frac{f}{\delta}=\frac{k_1\delta_2\tan\alpha\sin\alpha+k_2\delta_2\cos\alpha}{\sqrt{(\delta_2\tan\alpha)^2+\delta_2^2}}=k_1\sin^2\alpha+k_2\cos^2\alpha$$

125kN的重力作用在弹簧上，压缩量为40mm，所以$k_1=3125\text{N/mm}$。

（2）直线振动筛的固有频率为：$\omega_0=\sqrt{\frac{k}{M}}=12.78\text{s}^{-1}$。

（3）直线振动筛的工作频率为：$\omega=\frac{2\pi n}{60}=80.63\text{s}^{-1}$。

（4）频率比为：$z_0=\frac{\omega}{\omega_0}=6.3$。

（5）由频率比可知，该直线振动筛工作在远共振区，$A=\frac{\sum mr}{M}$。

偏心块的偏心质量矩为：$mr=\frac{1}{8}AM=7812.5\text{kg}\cdot\text{mm}$。

2.5 质心偏移式直线振动筛

21世纪初，由于我国选煤厂大型化的需要，从国外进口了大型直线振动筛，其外形和激振力如图2-14所示。为了使振动筛的筛分效率和处理能力最大化，设计的激振力并不通过振动筛的质心e，而是通过靠近出料端一侧距离质心l_e的地方。由于激振力不通过质心，所以也叫质心偏移式直线振动筛。

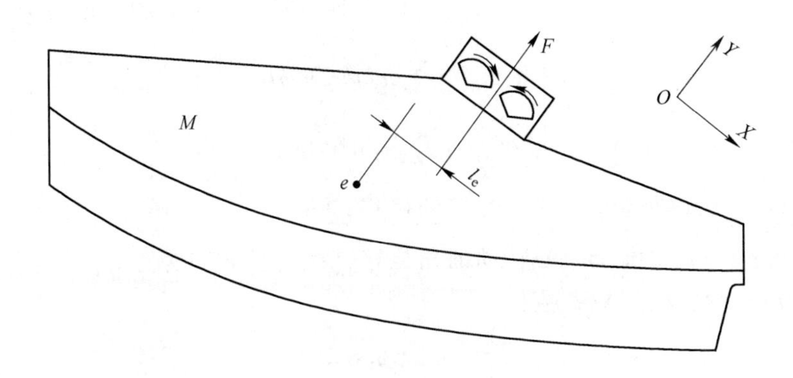

图 2-14 质心偏移式直线振动筛

建立平行直角坐标系 xey 和 XOY，XOY 固定在大地上，xey 固定在振动筛上。y 轴与激振力方向平行，通过质心指向斜右上方，质心 e 为坐标原点，x 轴随之确定。根据力的平移定理，将激振力 F 平移 l_e 与 y 轴重合，使其通过质心，然后再加上一个力矩 N_e，$N_e = Fl_e$，这样与原激振力对振动筛的作用是等价的。在通过质心的直线力和力矩的作用下，振动筛的运动是随质心的直线运动和绕质心的转动的复合运动。其力学模型如图 2-15 所示。

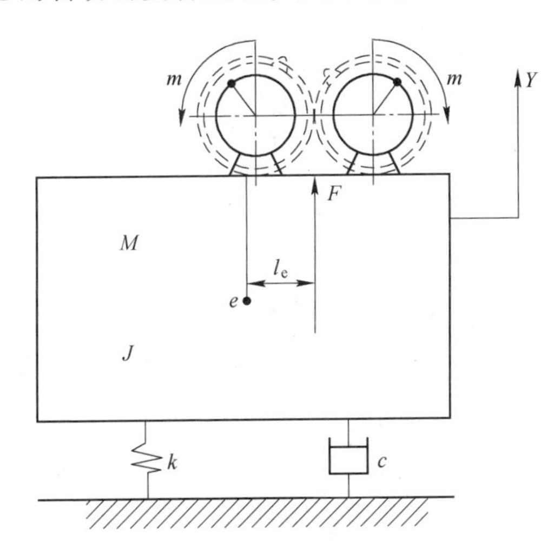

图 2-15 质心偏移式直线振动筛力学模型

振动筛参振质量为 M，弹簧刚度系数为 k，阻尼系数为 c。在远共振状态下，系统的阻尼力、刚度力和参振质量的惯性力、激振力相比很小，可以忽略不计。在 XOY 坐标系下，建立质心平动和绕质心转动的平衡方程：

$$\begin{cases} M\ddot{Y}_e = \sum m\omega^2 r\sin\omega t \\ J\ddot{\theta}_e = l_e\sum m\omega^2 r\sin\omega t \end{cases} \tag{2-21}$$

式中　Y_e ——振动筛质心在 Y 方向的位移；

θ_e ——振动筛绕质心转动的角位移，逆时针方向为正。

设方程（2-21）的解为：

$$\begin{cases} Y_e = A_e\sin\omega t \\ \theta_e = \varphi_e\sin\omega t \end{cases} \tag{2-22}$$

式中　A_e ——振动筛质心在 Y 方向的振幅；

φ_e ——振动筛绕质心摆动的摆幅。

对式（2-22）求二阶导数后代入式（2-21），并令等式两边恒等，解得：

$$\begin{cases} A_e = -\dfrac{\sum mr}{M} \\ \varphi_e = -\dfrac{l_e\sum mr}{J} \end{cases} \tag{2-23}$$

$$\begin{cases} Y_e = -\dfrac{\sum mr}{M}\sin\omega t \\ \theta_e = -\dfrac{l_e\sum mr}{J}\sin\omega t \end{cases} \tag{2-24}$$

振动筛的运动是平动加转动的合成运动，从式（2-24）中可以看出，平动和转动是同步同相位的。在振动筛向 Y 轴的正方向平动的同时，整个振动筛还有一个绕质心逆时针方向的转动。

如图 2-16 所示，振动筛上任意一点 $1(x, y)$ 摆动后的坐标为 $2(x', y')$，则

$$\begin{cases} X = X_e + \Delta x \\ Y = Y_e + \Delta y \end{cases} \tag{2-25}$$

式中　Δx ——摆动引起的 x 方向的位移；

Δy ——摆动引起的 y 方向的位移。

设点 (x, y) 的极径为 ρ，与 x 轴的夹角为 β，则

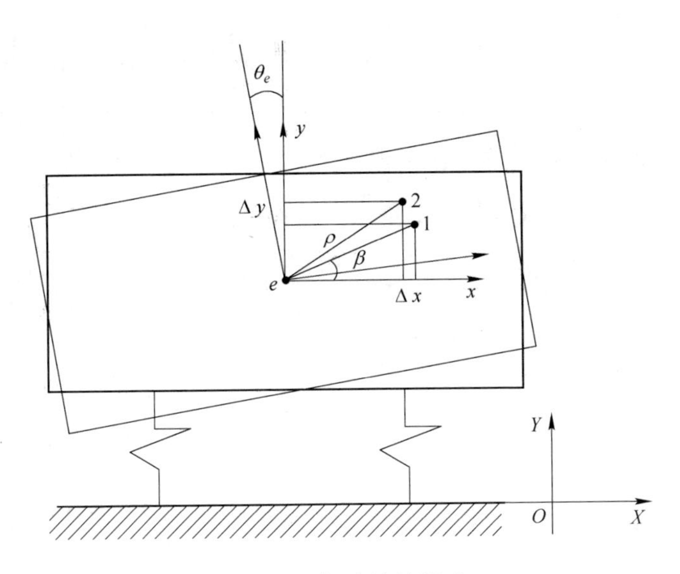

图 2-16 振动筛的摆动

$$\begin{cases} x = \rho\cos\beta \\ y = \rho\sin\beta \end{cases} \tag{2-26}$$

振动筛绕质心 e 转动 θ_e 后，点（x，y）由位置 1 摆动到位置 2，摆动引起的 x 方向和 y 方向的位移为：

$$\begin{cases} \Delta x = \rho\cos(\beta + \theta_e) - \rho\cos\beta = -2\rho\sin\left(\beta + \dfrac{\theta_e}{2}\right)\sin\dfrac{\theta_e}{2} \\ \Delta y = \rho\sin(\beta + \theta_e) - \rho\sin\beta = 2\rho\cos\left(\beta + \dfrac{\theta_e}{2}\right)\sin\dfrac{\theta_e}{2} \end{cases} \tag{2-27}$$

当振动筛的摆角 θ_e 很小时，

$$\begin{cases} \Delta x \approx -y\theta_e \\ \Delta y \approx x\theta_e \end{cases} \tag{2-28}$$

事实上，质心处在 X 方向没有受力，也没有位移，即：

$$X_e = 0 \tag{2-29}$$

振动筛上任意一点（x，y）在 X 方向和 Y 方向产生的位移为：

$$\begin{cases} X = -y\theta_e \\ Y = A_e\sin\omega t + x\theta_e \end{cases} \tag{2-30}$$

即

$$\begin{cases} X = -y\varphi_e \sin\omega t \\ Y = (A_e + x\varphi_e)\sin\omega t \end{cases} \tag{2-31}$$

这是直线运动方程，直线振动的振幅为：

$$A = \sqrt{(A_e + x\varphi_e)^2 + (y\varphi_e)^2} \tag{2-32}$$

振动方向与 x 轴的夹角为：

$$\tan\delta = -\frac{A_e + x\varphi_e}{y\varphi_e} \tag{2-33}$$

根据式（2-32），在点 $O(-\frac{A_e}{\varphi_e}, 0)$ 处，$A = 0$。因此，振动筛的运动是定轴摆动。如果已知质心处的振幅 $A_e = -\frac{\sum mr}{M}$ 和摆幅 $\varphi_e = -\frac{l_e \sum mr}{J}$，就能求出不动点 O 的位置，振动筛上任意一点的运动就随之确定了。

如图 2-17 所示，在 y 轴上截取点 A 使 $\overline{Ae} = A_e$，过不动点 O 和 A 点画射线 OA。求振动筛上任意一点 C 处的振幅和振动方向的步骤如下：

（1）以不动点 O 为圆心，过点 C 画圆，交 x 轴于点 a，过点 a 作 x 轴的垂线，交 OA 于点 b，线段 ab 就是圆上任意一点的振幅。

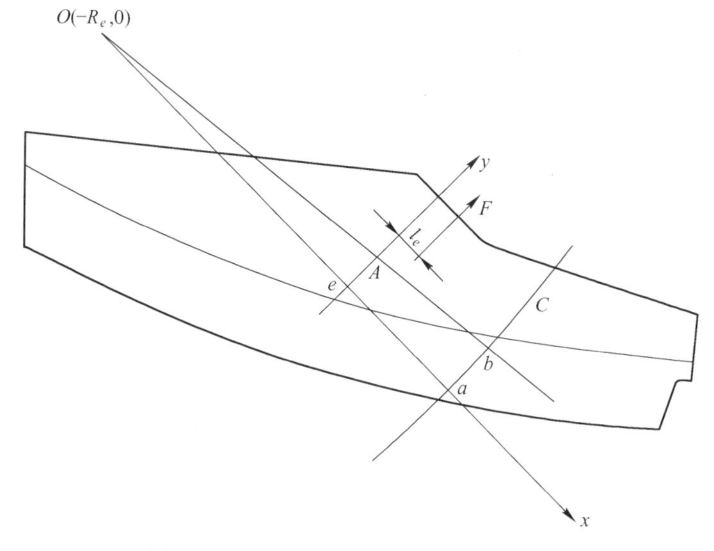

图 2-17　振动筛上任意一点振幅的确定

（2）过点 C 作圆的切线，该方向就是 C 点的振动方向。

综上所述，研究振动筛上任意一点的运动需要两个坐标系，一个坐标系是绝对坐标系，它固定在大地上，另一个坐标系是相对坐标系，它固定在筛机上，坐标原点就是质心。

在单质体单自由度力学模型中，坐标都固定在质体上，这是振动学中的一种习惯做法。严格来说，坐标应该固定在大地上，用该坐标测量质体的位移随时间的变化规律。当振动质体还有转动时，质体上各点的运动规律都不一样，因此还要用到质体上的相对坐标系。

2.6 物料对直线振动机械的作用

振动床面上的物料运动是床面对物料作用的结果，反过来，物料通过床面对振动机械有反作用力。根据物料在床面上运动状态的不同，物料对振动机械的作用也不同。物料的运动状态有三种：与振动床面相对静止、相对滑动和跳动。所以，考虑物料作用的单质体直线振动机械的受力微分方程为：

$$\begin{cases} m\ddot{y} + f_y\dot{y} + k_y y + F(\ddot{y}, \dot{y}, y, t) = 2m_0\omega^2 r\sin\omega t\sin\delta \\ m\ddot{x} + f_x\dot{x} + k_x x + F(\ddot{x}, \dot{x}, x, t) = 2m_0\omega^2 r\sin\omega t\cos\delta \end{cases} \tag{2-34}$$

x 轴是沿床面方向，y 轴是垂直于床面方向。其中 F 是物料对床面的作用力，是非谐和周期函数，在每一个周期里是相对静止、相对滑动和跳动的分段函数。

（1）振动强度很小，物料与床面相对静止，物料在 x 轴和 y 轴上的质量惯性力完全作用在机体上。

$$\begin{cases} F(\ddot{y}, \dot{y}, y, t) = m_m(\ddot{y} + g) \\ F(\ddot{x}, \dot{x}, x, t) = m_m\ddot{x} \end{cases} \tag{2-35}$$

（2）物料与床面相对滑动，在垂直于床面的 y 方向上，物料完全结合，在沿床面的 x 方向上，物料对床面有摩擦力。

$$\begin{cases} F(\ddot{y}, \dot{y}, y, t) = m_m(\ddot{y} + g) \\ F(\ddot{x}, \dot{x}, x, t) = \pm\mu m_m(\ddot{y} + g) \end{cases} \tag{2-36}$$

（3）物料跳动，物料离开床面后对机体没有作用力，物料落回床面时对机体有冲击力。

$$
\begin{cases}
F(\ddot{y},\ \dot{y},\ y,\ t) = m_m \dfrac{\dot{y}_m - \dot{y}}{\Delta t} \\
F(\ddot{x},\ \dot{x},\ x,\ t) = \pm \mu m_m \dfrac{\dot{y}_m - \dot{y}}{\Delta t}
\end{cases}
\tag{2-37}
$$

以上这些式子可以展开成傅里叶级数的形式：

$$
\begin{cases}
F(\ddot{y},\ \dot{y},\ y,\ t) = \dfrac{a_{0y}}{2} + \sum\limits_{n=1}^{\infty} [a_{ny}\cos(n\omega t - n\varphi_y) + b_{ny}\sin(n\omega t - n\varphi_y)] \\
F(\ddot{x},\ \dot{x},\ x,\ t) = \dfrac{a_{0x}}{2} + \sum\limits_{n=1}^{\infty} [a_{nx}\cos(n\omega t - n\varphi_x) + b_{nx}\sin(n\omega t - n\varphi_x)]
\end{cases}
\tag{2-38}
$$

由于频率越高，幅值越小，对振动床面的作用力越小，所以只考虑基频的作用。

$$
\begin{cases}
F(\ddot{y},\ \dot{y},\ y,\ t) \approx \dfrac{a_{0y}}{2} + a_{1y}\cos(\omega t - \varphi_y) + b_{1y}\sin(\omega t - \varphi_y) \\
F(\ddot{x},\ \dot{x},\ x,\ t) \approx \dfrac{a_{0x}}{2} + a_{1x}\cos(\omega t - \varphi_x) + b_{1x}\sin(\omega t - \varphi_x)
\end{cases}
\tag{2-39}
$$

设方程（2-34）的解为：

$$
\begin{cases}
y = A_0 + A\sin(\omega t - \varphi_y) \\
x = B_0 + B\sin(\omega t - \varphi_x)
\end{cases}
\tag{2-40}
$$

$$
\begin{cases}
\dot{y} = \omega A\cos(\omega t - \varphi_y) \\
\dot{x} = \omega B\cos(\omega t - \varphi_x)
\end{cases}
\tag{2-41}
$$

$$
\begin{cases}
\ddot{y} = -\omega^2 A\sin(\omega t - \varphi_y) \\
\ddot{x} = -\omega^2 B\sin(\omega t - \varphi_x)
\end{cases}
\tag{2-42}
$$

代入式（2-34）中并令等式两边恒等得

$$
-m\omega^2 A\sin(\omega t - \varphi_y) + f_y\omega A\cos(\omega t - \varphi_y) + k_y[A_0 + A\sin(\omega t - \varphi_y)] +
$$

$$
\frac{a_{0y}}{2} + a_{1y}\cos(\omega t - \varphi_y) + b_{1y}\sin(\omega t - \varphi_y) = 2m_0\omega^2 r\sin\omega t\sin\delta
$$

$$A_0 = -\frac{a_{0y}}{2k_y} \tag{2-43}$$

$$(b_{1y} - m\omega^2 A)\sin(\omega t - \varphi_y) + (f_y\omega A + a_{1y})\cos(\omega t - \varphi_y) +$$
$$k_y A\sin(\omega t - \varphi_y) = 2m_0\omega^2 r\sin\omega t\sin\delta$$

物料的结合系数为：

$$K_{my} = -\frac{b_{1y}}{m_m\omega^2 A} \tag{2-44}$$

物料的阻尼系数为：

$$f_{my} = \frac{a_{1y}}{\omega A} \tag{2-45}$$

从以上可以看出：a_{0y}影响了y方向的平衡位置，a_{1y}影响了y方向的阻尼，b_{1y}影响了y方向的质量进而影响振幅。

y方向的总参振质量为：

$$M_y = m + K_{my}m_m$$

y方向的总阻尼为：

$$c_y = f_y + f_{my}$$

$$(k_y - M_y\omega^2)A\sin(\omega t - \varphi_y) + c_y\omega A\cos(\omega t - \varphi_y) = 2m_0\omega^2 r\sin\omega t\sin\delta$$

y方向的固有频率为：

$$\omega_{0y} = \sqrt{\frac{k_y}{M_y}}$$

y方向的阻尼比为：

$$\xi_y = \frac{c_y}{2\sqrt{K_y M_y}}$$

y方向的频率比为：

$$z_{0y} = \frac{\omega}{\omega_{0y}}$$

$$(1 - z_{0y}^2)A\sin(\omega t - \varphi_y) + 2\xi_y z_{0y}A\cos(\omega t - \varphi_y) = \frac{2m_0 z_{0y}^2 r\sin\delta}{M_y}\sin\omega t$$

$$A = \frac{2m_0 r\sin\delta}{M_y}\frac{z_{0y}^2}{\sqrt{(1 - z_{0y}^2)^2 + (2\xi_y z_{0y})^2}} \tag{2-46}$$

$$\varphi_y = \operatorname{atan}\frac{2\xi_y z_{0y}}{1 - z_{0y}^2} \tag{2-47}$$

同理可以求出:

$$B_0 = -\frac{a_{0x}}{2k_x} \tag{2-48}$$

$$K_{mx} = -\frac{b_{1x}}{m_m \omega^2 B} \tag{2-49}$$

$$f_{mx} = \frac{a_{1x}}{\omega B} \tag{2-50}$$

从以上可以看出: a_{0x} 影响了 x 方向的平衡位置, a_{1x} 影响了 x 方向的阻尼, b_{1x} 影响了 x 方向的质量进而影响振幅。

x 方向的总参振质量为:

$$M_x = m + K_{mx} m_m$$

x 方向的总阻尼为:

$$c_x = f_x + f_{mx}$$

x 方向的固有频率为:

$$\omega_{0x} = \sqrt{\frac{k_x}{M_x}}$$

x 方向的阻尼比为:

$$\xi_x = \frac{c_x}{2\sqrt{k_x M_x}}$$

x 方向的频率比为:

$$z_{0x} = \frac{\omega}{\omega_{0x}}$$

$$B = \frac{2m_0 r\cos\delta}{M_x}\frac{z_{0x}^2}{\sqrt{(1 - z_{0x}^2)^2 + (2\xi_x z_{0x})^2}} \tag{2-51}$$

$$\varphi_x = \operatorname{atan}\frac{2\xi_x z_{0x}}{1 - z_{0x}^2} \tag{2-52}$$

第3章　圆振动筛

圆振动筛的运动轨迹为圆形，其激振器常见的有单轴块偏心式激振器和轴偏心、块偏心结合式激振器两种，如图 3-1 所示，某些大型圆振动筛采用同相位强迫同向转动的双轴块偏心式激振器激励。一般圆振动筛安装倾角比较大，物料在筛面上易于滚滑，松散性好，有利于细颗粒透过物料层接触筛面透筛，所以常用于矿山、冶金、煤炭等行业的物料分级。

图 3-1 彩图

图 3-1　圆振动筛

3.1　圆振动筛的运动规律

首先分析激振器位于振动筛质心处时的运动规律，振动筛在平面内做圆运动，其力学模型如图 3-2 所示，建立直角坐标系 xey。偏心块质量为 m_0，偏心距为 r。偏心块逆时针旋转，转速为 n，角频率 $\omega = \frac{\pi n}{30}$，偏心质量产生

的离心力为 $F_0 = m_0\omega^2 r$，则 x、y 方向上的激振力为：

$$\begin{cases} F_x = m_0\omega^2 r\cos\omega t \\ F_y = m_0\omega^2 r\sin\omega t \end{cases} \tag{3-1}$$

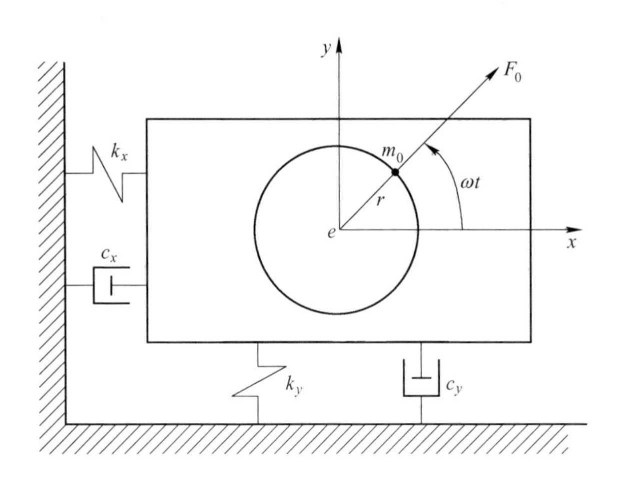

图 3-2 圆振动筛力学模型

系统的振动微分方程为：

$$\begin{cases} M\ddot{x} + c_x\dot{x} + k_x x = m_0\omega^2 r\cos\omega t \\ M\ddot{y} + c_y\dot{y} + k_y y = m_0\omega^2 r\sin\omega t \end{cases} \tag{3-2}$$

式中 M ——总参振质量，$M = m + K_m m_m$；

m ——振动机械的参振质量；

m_m ——机械承载物料的质量；

K_m ——物料结合系数。

$$\begin{cases} \ddot{x} + 2\xi_x\omega_{0x}\dot{x} + \omega_{0x}^2 x = \dfrac{m_0\omega^2 r}{M}\cos\omega t \\ \ddot{y} + 2\xi_y\omega_{0y}\dot{y} + \omega_{0y}^2 y = \dfrac{m_0\omega^2 r}{M}\sin\omega t \end{cases} \tag{3-3}$$

其中 x 方向的固有频率为：

$$\omega_{0x} = \sqrt{\frac{k_x}{M}}$$

x 方向的阻尼比为：

$$\xi_x = \frac{c_x}{2\sqrt{k_x M}}$$

y 方向的固有频率为：

$$\omega_{0y} = \sqrt{\frac{k_y}{M}}$$

y 方向的阻尼比为：

$$\xi_y = \frac{c_y}{2\sqrt{k_y M}}$$

与直线振动机械相似，设其特解为：

$$\begin{cases} x = A_x\cos(\omega t - \varphi_x) \\ y = A_y\sin(\omega t - \varphi_y) \end{cases} \tag{3-4}$$

式中 A_x，A_y —— x 方向和 y 方向的振幅；

φ_x，φ_y —— x 方向和 y 方向的位移落后激振力的相位。

对式（3-4）求一阶导数和二阶导数后代入式（3-3）中得

$$\begin{cases} A_x = \dfrac{\sum m_0 r}{M} \dfrac{z_{0x}^2}{\sqrt{(1 - z_{0x}^2)^2 + (2\xi_x z_{0x})^2}} \\ A_y = \dfrac{\sum m_0 r}{M} \dfrac{z_{0y}^2}{\sqrt{(1 - z_{0y}^2)^2 + (2\xi_y z_{0y})^2}} \end{cases} \tag{3-5}$$

$$\begin{cases} \varphi_x = \operatorname{atan} \dfrac{2\xi_x z_{0x}}{1 - z_{0x}^2} \\ \varphi_y = \operatorname{atan} \dfrac{2\xi_y z_{0y}}{1 - z_{0y}^2} \end{cases} \tag{3-6}$$

其中 x 方向的频率比为：

$$z_{0x} = \frac{\omega}{\omega_{0x}}$$

y 方向的频率比为：

$$z_{0y} = \frac{\omega}{\omega_{0y}}$$

根据式（3-5）画出的幅频特性曲线和图2-10是一样的，根据式（3-6）画出的相频特性曲线和图2-11是一样的。

从幅频特性曲线中可以看出，当$z_0 > 2.5$时，$A_x \approx A_y \approx A \approx \frac{\sum m_0 r}{M}$。由于$\xi_x$和$\xi_y$很小，$\varphi_x \approx \varphi_y \approx \varphi \approx 180°$。因此$\begin{cases} x \approx -A\cos\omega t \\ y \approx -A\sin\omega t \end{cases}$，$x^2 + y^2 \approx A^2$，它的振动轨迹是圆。

3.2 质心偏移式圆振动筛

当激振器不在振动筛的质心处时，单轴的圆振动筛叫质心偏移式圆振动筛。此时振动筛质心处的运动仍为圆运动，振动筛的运动是随质心平动和绕质心转动的复合运动。

质心偏移式圆振动筛的力学模型如图3-3所示。振动筛参振质量为M，质心为e，振动筛对质心的转动惯量为J。建立绝对坐标系XOY和振动筛上的相对坐标系xey，质心e为坐标原点，y轴由质心e指向激振器旋转中心，x轴随之确定。激振器旋转中心到质心的距离为y_0，则激振器旋转中心点的坐标为（0，y_0）。偏心块质量为m_0，偏心距为r。偏心块逆时针旋转的角频率

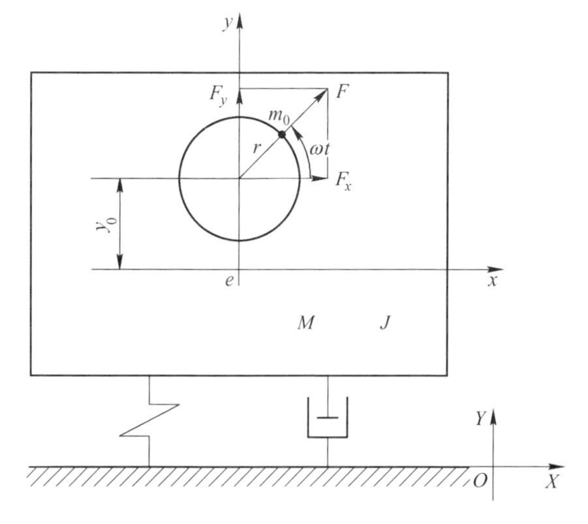

图3-3 质心偏移式圆振动筛力学模型

为 ω ，偏心质量产生的离心力为 $F = m_0\omega^2 r$ ，则 x、y 方向上的激振力为：

$$\begin{cases} F_x = m_0\omega^2 r\cos\omega t \\ F_y = m_0\omega^2 r\sin\omega t \end{cases} \tag{3-7}$$

这类圆振动筛工作在远共振区，系统的阻尼力、刚度力和参振质量的惯性力、激振力相比很小，可以忽略不计。建立质心平动和绕质心转动的平衡方程：

$$\begin{cases} M\ddot{X}_e = m_0\omega^2 r\cos\omega t \\ M\ddot{Y}_e = m_0\omega^2 r\sin\omega t \\ J\ddot{\theta}_e = -y_0 m_0\omega^2 r\cos\omega t \end{cases} \tag{3-8}$$

式中 X_e ——质心在 x 方向的位移；

Y_e ——质心在 y 方向的位移；

θ_e ——振动筛绕质心转动的角位移，逆时针方向为正。

设方程（3-8）的解为：

$$\begin{cases} X_e = A_e\cos\omega t \\ Y_e = B_e\sin\omega t \\ \theta_e = \varphi_e\cos\omega t \end{cases} \tag{3-9}$$

解得：

$$\begin{cases} X_e = -\dfrac{m_0 r}{M}\cos\omega t \\ Y_e = -\dfrac{m_0 r}{M}\sin\omega t \\ \theta_e = \dfrac{y_0 m_0 r}{J}\cos\omega t \end{cases} \tag{3-10}$$

振动筛上任意一点（x，y）随着质心的运动在 X 方向和 Y 方向产生的位移为：

$$\begin{cases} X = A_e\cos\omega t - y\varphi_e\cos\omega t \\ Y = B_e\sin\omega t + x\varphi_e\cos\omega t \end{cases} \tag{3-11}$$

例 3-1　一台 YK3042 圆振动筛的参振质量为 $M = 4636\text{kg}$，激振器上共有四个偏心块，每个偏心块的质量为 $m_0 = 50\text{kg}$，偏心距为 $r = 104\text{mm}$，忽略系统的阻尼力和刚度力，$A_e = B_e = \dfrac{4m_0 r}{M} = 4.5\text{mm}$。振动筛绕质心的转动惯量为 $J = 14708\text{kg} \cdot \text{m}^2$，激振器旋转中心到质心的距离为 $y_0 = 0.483\text{m}$，$\varphi_e = \dfrac{4y_0 m_0 r}{J} = 6.8 \times 10^{-4}\text{rad}$。圆振动筛上任意一点（$x$，$y$）的运动轨迹为：

$$\begin{cases} X = -4.5\cos\omega t - 6.8 \times 10^{-4} y\cos\omega t \\ Y = -4.5\sin\omega t + 6.8 \times 10^{-4} x\cos\omega t \end{cases}$$

（1）入料端（-2100，0）的运动方程为：

$$\begin{cases} X = -4.5\cos\omega t \\ Y = -4.5\sin\omega t - 1.43\cos\omega t \end{cases}$$

入料端运动轨迹如图 3-4 所示。

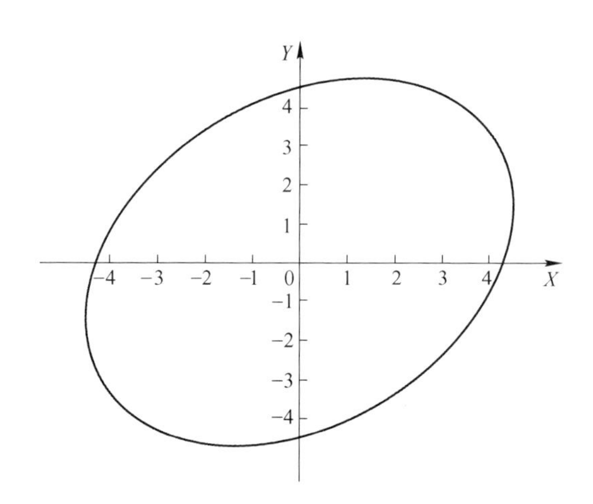

图 3-4　入料端运动轨迹

（2）质心处（0，0）的运动方程为：

$$\begin{cases} X = -4.5\cos\omega t \\ Y = -4.5\sin\omega t \end{cases}$$

质心处运动轨迹如图 3-5 所示。

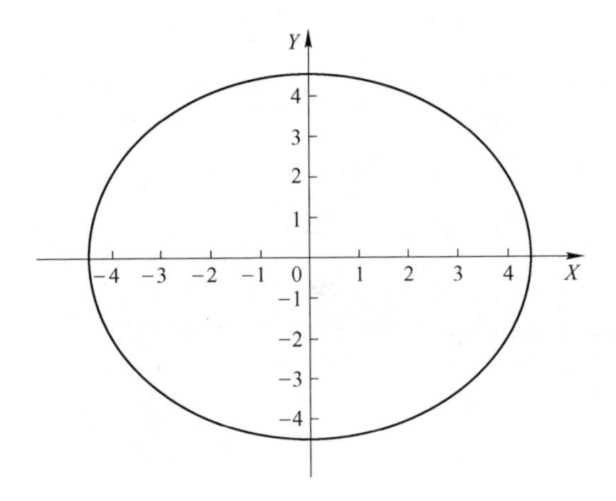

图 3-5 质心处运动轨迹

(3) 出料端 (2100, 0) 的运动方程为:

$$\begin{cases} X = -4.5\cos\omega t \\ Y = -4.5\sin\omega t + 1.43\cos\omega t \end{cases}$$

出料端运动轨迹如图 3-6 所示。

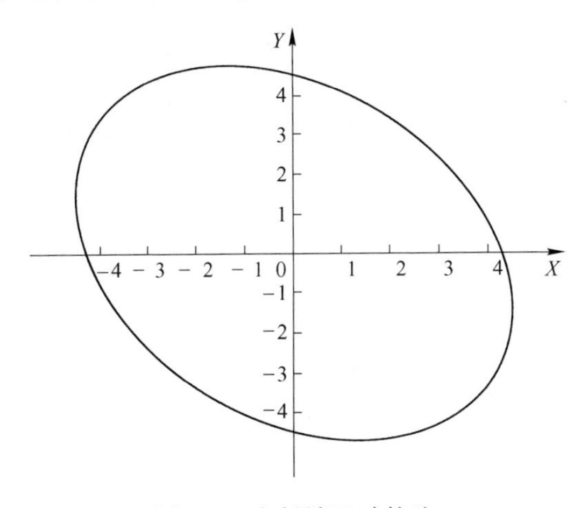

图 3-6 出料端运动轨迹

3.3 轴承的摩擦耗能

振动机械激振器内的轴承结构如图 3-7 所示，轴承内圈与轴和偏心块固定在一起，轴承外圈与轴承座固定在一起，中间是滚动体。

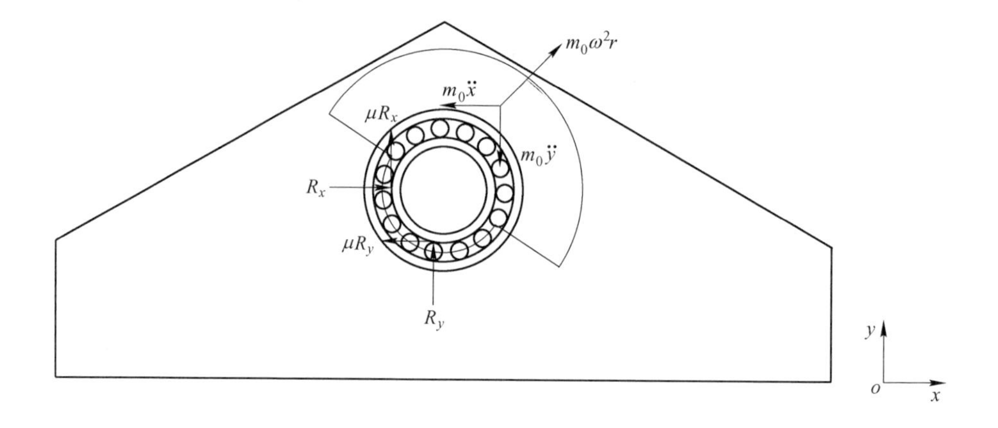

图 3-7　振动机械轴承及其受力

滚动轴承内圈外半径为 R，偏心块质量为 m_0，偏心距为 r，偏心块逆时针旋转，角频率为 ω。建立直角坐标系 xoy。振动机械的位移为：

$$\begin{cases} x = A\cos\omega t \\ y = B\sin\omega t \end{cases} \tag{3-12}$$

以轴承内圈、轴和偏心块旋转组件为研究对象，在正常工作时其受到的力有：离心力 $m_0\omega^2 r$，振动惯性力 $-m_0\ddot{x}$、$-m_0\ddot{y}$，重力 $m_0 g$，滚动体对轴承内圈的作用力 R_x、R_y 及其摩擦力 μR_x、μR_y。振动惯性力和重力相对离心力来说可以忽略，受力平衡方程为：

$$\begin{cases} R_x - \mu R_y + m_0\omega^2 r\cos\omega t = 0 \\ R_y + \mu R_x + m_0\omega^2 r\sin\omega t = 0 \end{cases} \tag{3-13}$$

由于滚动轴承的摩擦系数非常小，$\mu = 0.002 \sim 0.0025$，式（3-13）中的 μR_x、μR_y 可以忽略不计，因此有：

$$\begin{cases} R_x = -m_0\omega^2 r\cos\omega t \\ R_y = -m_0\omega^2 r\sin\omega t \end{cases} \tag{3-14}$$

$$\begin{cases} f_x = -\mu R_y = \mu m_0\omega^2 r\sin\omega t \\ f_y = \mu R_x = -\mu m_0\omega^2 r\cos\omega t \end{cases} \tag{3-15}$$

设滚动体受力点在 x 方向和 y 方向的位移分别为 x' 和 y'，它的运动是随轴心的平动和绕轴心的旋转的复合运动，即

$$\begin{cases} x' = x + R\cos\omega t = (A + R)\cos\omega t \\ y' = y + R\sin\omega t = (B + R)\sin\omega t \end{cases} \tag{3-16}$$

轴承摩擦力消耗的微功为：

$$\mathrm{d}W = f\mathrm{d}r = f_x\mathrm{d}x' + f_y\mathrm{d}y' \tag{3-17}$$

其中

$$\begin{cases} \mathrm{d}x' = -\omega(A + R)\sin\omega t\mathrm{d}t \\ \mathrm{d}y' = \omega(B + R)\cos\omega t\mathrm{d}t \end{cases}$$

x 方向上摩擦力消耗的功率为：

$$\begin{aligned} N_x &= \frac{1}{T}\int_0^T f_x\mathrm{d}x' \\ &= -\frac{1}{T}\mu m_0 r\omega^3(A + R)\int_0^T \sin^2\omega t\mathrm{d}t \\ &= -\frac{1}{2}\mu m_0 r\omega^3(A + R) \end{aligned}$$

y 方向上摩擦力消耗的功率为：

$$\begin{aligned} N_y &= \frac{1}{T}\int_0^T f_y\mathrm{d}y' \\ &= -\frac{1}{T}\mu m_0 r\omega^3(B + R)\int_0^T \cos^2\omega t\mathrm{d}t \\ &= -\frac{1}{2}\mu m_0 r\omega^3(B + R) \end{aligned}$$

用正值表示摩擦力消耗的功率为：

$$N = -(N_x + N_y) = \frac{1}{2}\mu m_0 r\omega^3[(A + R) + (B + R)] \approx \mu m_0 r\omega^3 R \approx \mu\omega^3 MAR \tag{3-18}$$

例 3-2 一台圆振动筛质量为 5000kg，振幅为 5mm。偏心块逆时针旋转的转速为 960r/min，角频率 $\omega = \frac{\pi n}{30} = 100.48\mathrm{s}^{-1}$。振动筛所用轴承为 23328 调心滚子轴承，内径为 140mm，外径为 300mm，轴承内圈外半径为 90mm，轴承摩擦力消耗的功率为：

$$N = \mu\omega^3 MAR = 0.0025 \times 100.48^3 \times 5000 \times 0.005 \times 0.09 = 5.7\mathrm{kW}$$

同理可以求出直线振动筛轴承摩擦力消耗的功率为：$N=\mu\omega^3 MAR$。

3.4 电机启动扭矩的计算

电机启动时的受力分析如图3-8所示，仍以轴承内圈、轴和偏心块旋转组件为研究对象，它们的总质量为m_0，质心半径为r，角位移为θ，滚动轴承内圈外半径为R。在电机启动过程中其受到的力有：电机对偏心块的扭矩T，离心惯性力$m_0\dot{\theta}^2r$，切向惯性力$m_0\ddot{\theta}r$，振动惯性力$-m_0\ddot{x}$、$-m_0\ddot{y}$，重力m_0g，滚动体对轴承内圈的支持力N及其摩擦力μN。电机刚启动时振动频率几乎为0，振动惯性力可以忽略。

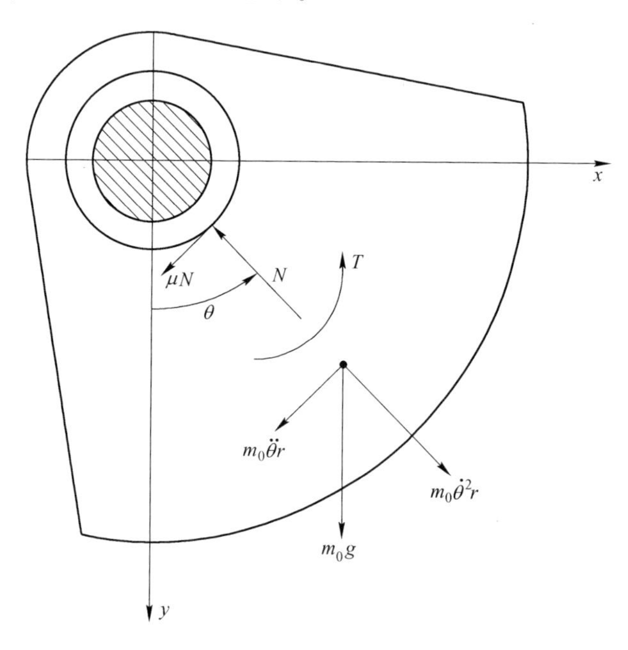

图3-8 电机启动时的受力分析

以轴心为坐标原点，水平向右为x轴正方向，建立直角坐标系。受力平衡方程为：

$$\begin{cases} N_x + \mu N_y = m_0\dot{\theta}^2 r\sin\theta - m_0\ddot{\theta}r\cos\theta \\ N_y - \mu N_x = m_0 g + m_0\dot{\theta}^2 r\cos\theta + m_0\ddot{\theta}r\sin\theta \\ T = J\ddot{\theta} + m_0 g r\sin\theta + \mu NR \end{cases} \tag{3-19}$$

由于滚动轴承的摩擦系数非常小，$\mu = 0.002 \sim 0.0025$，式（3-19）中的 μN_x、μN_y、μNR 可以忽略不计。电机刚启动时偏心块角速度非常小，$\dot{\theta} \approx 0$，可以忽略不计。

$$\begin{cases} N_x = -m_0\ddot{\theta}r\cos\theta \\ N_y = m_0 g + m_0\ddot{\theta}r\sin\theta \\ T = J\ddot{\theta} + m_0 g r\sin\theta \end{cases} \tag{3-20}$$

实践表明：当偏心块旋转至90°时阻力矩最大，电机的堵转转矩要大于该阻力矩，此时 $N_x = 0$，$N_y = m_0 g + m_0\ddot{\theta}r$，$T = J\ddot{\theta} + m_0 g r$。

电机启动特性如图3-9所示，假设电机启动规律为：

$$\dot{\theta} = \omega(1 - e^{-\alpha t}) \tag{3-21}$$

式中　ω——振动机械正常运转时的角频率。

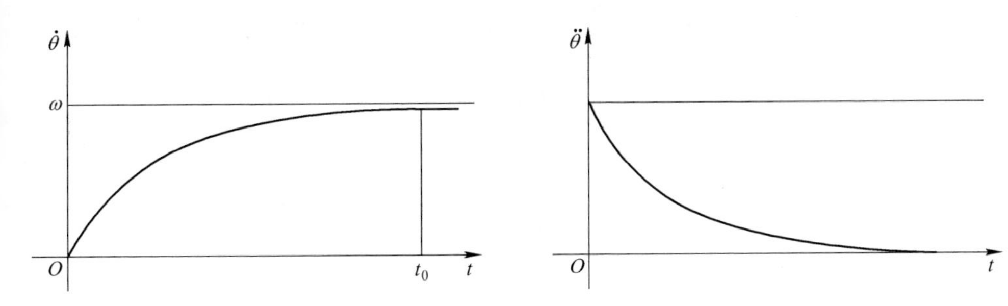

图3-9　电机启动特性曲线

设在时间 t_0 内，偏心块角频率达到 $99\%\,\omega$。

$$1 - e^{-\alpha t_0} = 0.99$$

$$\alpha t_0 = \ln 100$$

$$\alpha = \frac{\ln 100}{t_0}$$

$$\begin{cases} \dot{\theta} = \omega\left(1 - e^{-\frac{\ln 100}{t_0}t}\right) \\ \ddot{\theta} = \dfrac{\omega \ln 100}{t_0} e^{-\frac{\ln 100}{t_0}t} \end{cases} \tag{3-22}$$

如果 $n = 960\text{r/min}$，则 $\omega = \dfrac{\pi n}{30} = 100.48\text{s}^{-1}$。假设希望启动时间为

6s，则

$$\ddot{\theta}_{max} = \frac{\omega \ln 100}{t_0} = \frac{100.48 \times \ln 100}{6} = 77\text{rad/s}^2$$

$$T = m_0 g r + 77J \tag{3-23}$$

一般电机的最大转矩是额定转矩的 1.8～2.4 倍，此处取 2.2 倍，额定转矩与额定角频率的乘积就等于额定功率。

$$N_e = \omega \frac{T}{2.2} \tag{3-24}$$

$$N_e = k \frac{\pi n}{30} \frac{T}{2.2} = \frac{k\pi n}{66}(m_0 g r + 77J) \tag{3-25}$$

式中　k——在实际选型过程中考虑的富裕系数，$k = 1.1 \sim 1.3$。

例 3-3　一台圆振动筛的激振器上共有四个偏心块，每个偏心块的质量为 42kg，偏心块的总质量为 $m_0 = 4 \times 42 = 168\text{kg}$，偏心距为 $r = 0.0963\text{m}$，转速为 960r/min，角频率 $\omega = \frac{\pi n}{30} = 100.48\text{s}^{-1}$，偏心块的转动惯量为 $J = 1.021512\text{kg} \cdot \text{m}^2$，则电机的额定功率为：$N_e = 11.9 \sim 14.1\text{kW}$。

第 4 章　电磁振动给料机

4.1　电磁振动给料机

电磁振动给料机用于把物料从贮料仓中均匀或定量的供给到受料设备中，是实现流水作业自动化的必备设备。目前应用最广泛的 GZ 系列电磁振动给料机如图 4-1 所示，分敞开型和封闭型两种。在粉尘大、环保要求高的情况下，要用封闭型。封闭型分两种，一种是整体振动型，另一种是固定密封罩和振动给料机组合型。按照安装方式可分为悬挂式、坐式和混合式三种。

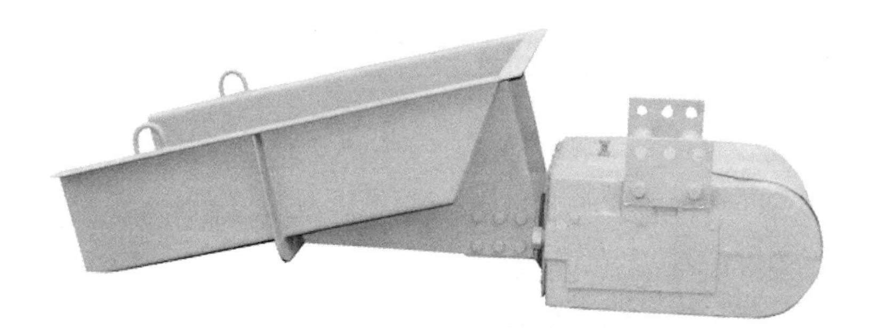

图 4-1　电磁振动给料机

电磁振动给料机具有下列特点：

（1）能够根据生产需要，手动或自动地调节给料量；

（2）没有回转部件，不需要润滑，维护工作比其他给料机简单；

（3）采用近共振原理，相对节能。

电磁振动给料机的结构如图 4-2 所示，主要由槽体、隔振弹簧、激振器和控制箱组成。

电磁振动给料机的原理如图 4-3 所示，激振器壳体 6 内装有铁芯 7，铁芯

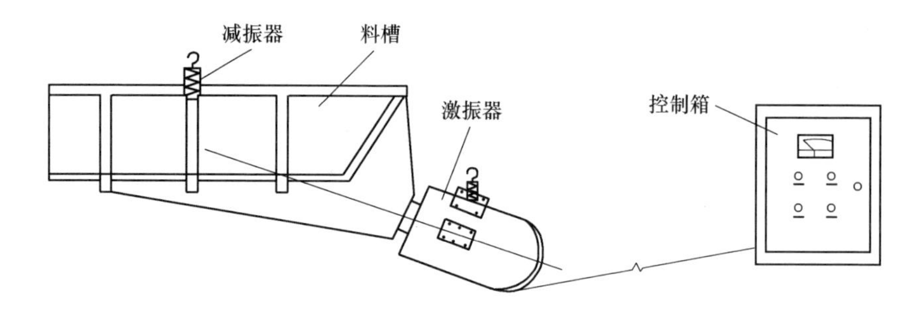

图 4-2　电磁振动给料机结构

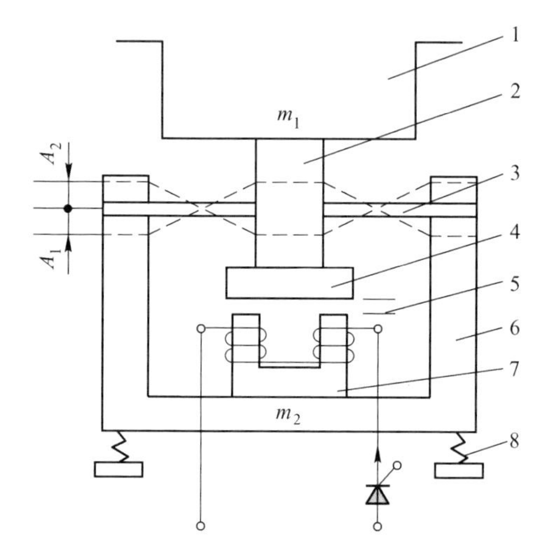

图 4-3　电磁振动给料机原理图

1—槽体；2—连接叉；3—板弹簧；4—衔铁；5—气隙；6—壳体；7—铁芯；8—隔振弹簧

上缠绕线圈，壳体、铁芯和线圈固定在一起。衔铁 4 与槽体 1 用连接叉 2 相连，连接叉的中部固定在板弹簧 3 的中间，板弹簧的两端用螺栓压在机壳上。衔铁与铁芯间留有工作气隙 5，通过调节该气隙的间距可以调节振幅，距离大时磁力小，振幅就小，反之亦然。

板弹簧将给料机的槽体与激振器连接起来，组成一个双质体振动系统。由槽体、连接叉、衔铁和槽体中物料质量的 10%～20%组成一个振动质体，激振器壳体、铁芯和线圈等组成另一个振动质体。

根据共振原理，将电磁激振力的频率 ω 调到给料机的固有频率 ω_0 附近，

使其比值 $z_0 = \frac{\omega}{\omega_0} = 0.85 \sim 0.95$，此时给料机是在低临界近共振状态下工作，具有功率消耗小的特点。

将单相交流电经整流器整流后接入电磁线圈，电压和电磁力的关系如图4-4所示。线路接通电源后，电源电压经整流后在正半周期内有半波电压加在电磁线圈上，因而电磁线圈中有电流通过，在衔铁和铁芯之间产生一脉冲电磁力互相吸引，槽体与激振器相向运动，槽体向后运动，激振器向前运动，此时板弹簧变形储存一定的弹性势能。在负半周期内整流器不导通，因而电磁线圈中无电流通过，电磁力随即消失，在板弹簧的作用下，槽体与激振器相背运动，槽体向前运动，激振器向后运动。这样给料机的槽体以交流电源的频率（3000min^{-1}）往复运动。

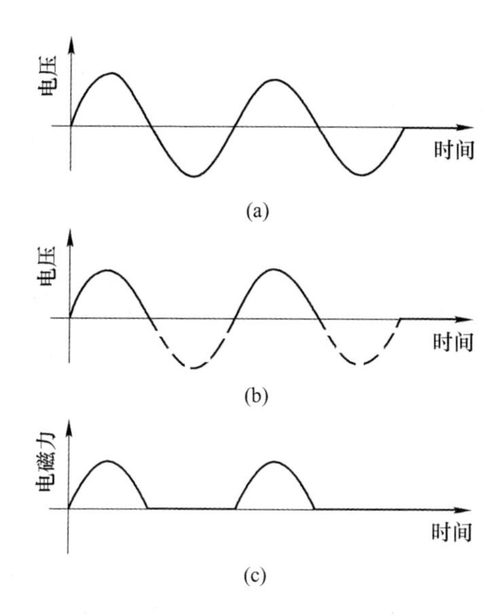

图4-4 电压和电磁力的关系

槽体的底平面与激振力的作用线具有一定的夹角，当槽体振动加速度的垂直分量大于重力加速度时，槽体中的物料被向上向前抛起并按抛物线的轨迹向前跳跃运动。由于槽体的振动频率很高，物料的抛起和落下仅在0.02s内完成，振幅很小，所以只能看见物料在槽中“似水一样”均匀连续地向前流动。只有当单颗粒在槽体中运动时，才能看见微小的跳跃运动。

4.2　电磁振动给料机动力学

电磁振动给料机的力学模型如图4-5所示。在电磁振动给料机中有两个振动质体，图中 m_1 为槽体、连接叉、衔铁等的质量，m_2 为激振器壳体、铁芯、线圈等的质量。板弹簧的质量按一定比例分配给 m_1 和 m_2，同理，隔振弹簧的质量也按一定比例分配给 m_1 和 m_2，力学模型中弹簧是无质量有刚度和阻尼的元件。

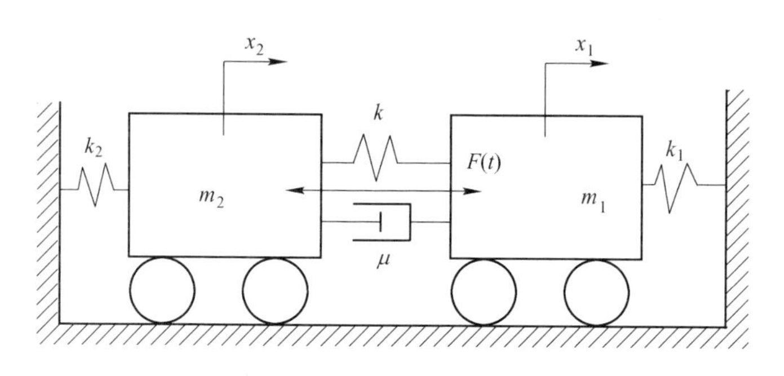

图4-5　电磁振动给料机力学模型

分别以两个振动质体为研究对象，振动微分方程为：

$$\begin{cases} m_1\ddot{x}_1 + \mu(\dot{x}_1 - \dot{x}_2) + k_1x_1 + k(x_1 - x_2) = F(t) \\ m_2\ddot{x}_2 + \mu(\dot{x}_2 - \dot{x}_1) + k_2x_2 + k(x_2 - x_1) = -F(t) \end{cases} \tag{4-1}$$

式中　x_1，$\dot{x}_1$，$\ddot{x}_1$——振动质体1的位移、速度、加速度；

x_2，$\dot{x}_2$，$\ddot{x}_2$——振动质体2的位移、速度、加速度；

k_1——振动质体1上的隔振弹簧的刚度系数；

k_2——振动质体2上的隔振弹簧的刚度系数；

k——主振弹簧的刚度系数；

μ——相对运动的阻力系数；

$F(t)$——电磁力。

电磁激振产生的电磁力是周期函数，可以展开成傅里叶级数的形式，它的近似表达式为：

$$F(t) \approx F_0 + F_1\sin\omega t + F_2\sin2\omega t \tag{4-2}$$

式中 F_0——平均电磁力；

F_1——一次谐波激振力的幅值；

F_2——二次谐波激振力的幅值；

ω——电源角频率。

在电磁振动给料机中，一次谐波激振力的频率 ω 与给料机的主振固有频率 ω_0 比较接近，所以由一次谐波激振力所引起的振幅远大于由二次谐波激振力所引起的振幅。而平均电磁力 F_0 所引起的是静位移，只影响平衡位置。因此在近似计算时仅考虑由一次谐波激振力所引起的振动，此时振动微分方程（4-1）可写为：

$$\begin{cases} m_1\ddot{x}_1 + \mu(\dot{x}_1 - \dot{x}_2) + k_1x_1 + k(x_1 - x_2) \approx F_1\sin\omega t \\ m_2\ddot{x}_2 + \mu(\dot{x}_2 - \dot{x}_1) + k_2x_2 + k(x_2 - x_1) \approx -F_1\sin\omega t \end{cases} \tag{4-3}$$

将式（4-3）中的两式相加得

$$m_1\ddot{x}_1 + m_2\ddot{x}_2 + k_1x_1 + k_2x_2 = 0 \tag{4-4}$$

式（4-4）说明在双质体振动系统中，振动质体的惯性力与隔振弹簧的刚度力之和为零。两个振动质体之间的刚度力、阻尼力和电磁力均为系统的内力。

一般地，隔振弹簧的压缩量应保持一致：

$$\frac{m_1}{k_1} = \frac{m_2}{k_2} = c \tag{4-5}$$

设方程（4-4）的解为：

$$\begin{cases} x_1 = A_1\sin(\omega t - \alpha_1) \\ x_2 = A_2\sin(\omega t - \alpha_2) \end{cases} \tag{4-6}$$

$$\begin{cases} \ddot{x}_1 = -\omega^2 A_1\sin(\omega t - \alpha_1) \\ \ddot{x}_2 = -\omega^2 A_2\sin(\omega t - \alpha_2) \end{cases} \tag{4-7}$$

式中 A_1，A_2——振动质体 1 和振动质体 2 的振幅。

将式（4-5）和式（4-7）代入式（4-4）得

$$-c\omega^2k_1x_1 - c\omega^2k_2x_2 + k_1x_1 + k_2x_2 = 0$$

$$-c\omega^2(k_1x_1 + k_2x_2) + (k_1x_1 + k_2x_2) = 0$$

$$k_1x_1 + k_2x_2 = 0$$

$$m_1\ddot{x}_1 + m_2\ddot{x}_2 = 0 \tag{4-8}$$

$$-\omega^2 m_1 A_1 \sin(\omega t - \alpha_1) - \omega^2 m_2 A_2 \sin(\omega t - \alpha_2) = 0$$

$$\alpha_1 = \alpha_2 = \alpha \tag{4-9}$$

$$\frac{m_1}{m_2} = -\frac{A_2}{A_1} \tag{4-10}$$

式（4-10）说明电磁振动给料机振动系统的两个振动质体的振幅与它们的质量成反比。

电磁振动给料机振动系统中两个振动质体之间的关系可以简化为图 4-6 的形式。在该双质体振动系统中，主振弹簧上有一点是静止的，这个静止点叫振动系统的惰性中心。当 $\frac{m_1}{m_2} = 1$ 时，惰性中心位于 $\frac{l}{2}$ 即中点处。随着 $\frac{m_1}{m_2}$ 比值的增大，惰性中心向 m_1 移近。当 $\frac{m_1}{m_2} = 10$ 时，该惰性中心已很靠近 m_1。当 $\frac{m_1}{m_2} = \infty$ 时，惰性中心就是 m_1，此时该双质体振动系统就变成只有 m_2 振动的单质体振动系统。

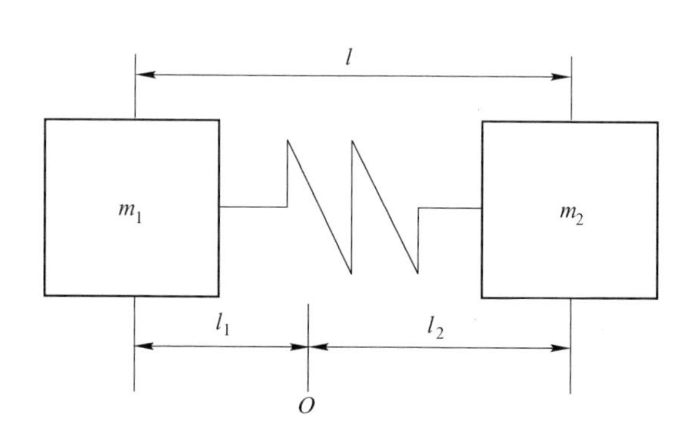

图 4-6　双质体振动系统简化示意图

根据式（4-3）可求出该电磁振动给料机的相对振幅，将式（4-3）中的第一个方程两边同乘以 $\frac{m_2}{m_1 + m_2}$，第二个方程两边同乘以 $\frac{m_1}{m_1 + m_2}$ 得

$$\begin{cases}\dfrac{m_1 m_2}{m_1+m_2}\ddot{x}_1+\dfrac{m_2\mu}{m_1+m_2}(\dot{x}_1-\dot{x}_2)+\dfrac{m_2 k_1 x_1}{m_1+m_2}+\dfrac{m_2 k}{m_1+m_2}(x_1-x_2)=\dfrac{m_2}{m_1+m_2}F_1\sin\omega t\\ \dfrac{m_1 m_2}{m_1+m_2}\ddot{x}_2+\dfrac{m_1\mu}{m_1+m_2}(\dot{x}_2-\dot{x}_1)+\dfrac{m_1 k_2 x_2}{m_1+m_2}+\dfrac{m_1 k}{m_1+m_2}(x_2-x_1)=-\dfrac{m_1}{m_1+m_2}F_1\sin\omega t\end{cases}$$

两式相减得

$$\frac{m_1 m_2}{m_1+m_2}(\ddot{x}_1-\ddot{x}_2)+\mu(\dot{x}_1-\dot{x}_2)+\frac{m_2 k_1 x_1-m_1 k_2 x_2}{m_1+m_2}+k(x_1-x_2)=F_1\sin\omega t$$

根据 $k_1x_1+k_2x_2=0$ 可得

$$\frac{m_2 k_1 x_1-m_1 k_2 x_2}{m_1+m_2}=\frac{1}{2}k_1x_1-\frac{1}{2}k_2x_2$$

由于 $\frac{1}{2}k_1 \ll k$，$\frac{1}{2}k_2 \ll k$，忽略隔振弹簧力，可得

$$m_u(\ddot{x}_1-\ddot{x}_2)+\mu(\dot{x}_1-\dot{x}_2)+k(x_1-x_2)=F_1\sin\omega t \tag{4-11}$$

式中 m_u——诱导质量，$m_u=\dfrac{m_1 m_2}{m_1+m_2}$。

设方程（4-11）的解为：

$$\begin{cases}x_1=A_1\sin(\omega t-\alpha)\\ x_2=A_2\sin(\omega t-\alpha)\\ x=x_1-x_2=A\sin(\omega t-\alpha)\end{cases} \tag{4-12}$$

式中 A_1——振动质体 1 的振幅；

A_2——振动质体 2 的振幅；

A——振动质体 1 和振动质体 2 的相对振幅，$A=A_1-A_2$；

α——位移落后激振力的相位。

$$m_u\ddot{x}+\mu\dot{x}+kx=F_1\sin\omega t \tag{4-13}$$

$$\ddot{x}+2\xi\omega_0\dot{x}+\omega_0^2x=\frac{F_1}{m_u}\sin\omega t \tag{4-14}$$

其中系统的固有频率为：

$$\omega_0=\sqrt{\frac{k}{m_u}}$$

阻尼比为：

$$\xi = \frac{\mu}{2\sqrt{km_u}}$$

解得：

$$A = \frac{F_1}{k}\frac{1}{\sqrt{(1 - z_0^2)^2 + (2\xi z_0)^2}} \tag{4-15}$$

$$\alpha = \operatorname{atan}\frac{2\xi z_0}{1 - z_0^2} \tag{4-16}$$

其中频率比为：

$$z_0 = \frac{\omega}{\omega_0}$$

$$\begin{cases} A_1 = \dfrac{m_2}{m_1 + m_2}A \\ A_2 = -\dfrac{m_1}{m_1 + m_2}A \end{cases} \tag{4-17}$$

4.3 二次隔振及其应用

在研究单自由度振动系统时引入了隔振，如果是大型设备安装在薄弱的基础上，即使隔振效率比较高，基础也不能承受。此时就应该采用二次隔振来进一步降低设备对基础的动负荷，或者说减小设备对基础的冲击。

例 4-1 如图 4-7 所示，某大型直线振动筛的参振质量为 $m_1 = 10000\text{kg}$，弹簧刚度系数为$k_1 = 3.9\times10^6\text{N/m}$，振幅为$A_1 = 5\text{mm}$，由转速为 $n = 970\text{r/min}$ 的双电机直接驱动，角速度为 $\omega = \dfrac{\pi n}{30} = 101.5\text{s}^{-1}$，求振动筛正常工作时基础所受的动负荷。如果不改变振幅和激励频率，采用二次隔振，隔振质量为$m_2 = 7000\text{kg}$，二次隔振弹簧刚度系数为$k_2 = 6.6\times10^6\text{N/m}$，求二次隔振后基础所受的动负荷（忽略阻尼的影响）。

解： 如图 4-7（a）所示，振动筛一次隔振时基础所受的动负荷幅值为：

$$F_{T1} = k_1 A_1 = 3.9 \times 10^6 \times 5 \times 10^{-3} = 19500\text{N}$$

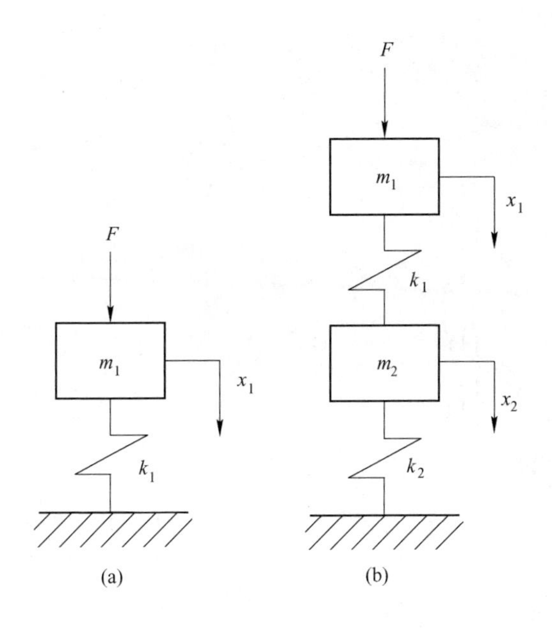

图 4-7 弹簧-质量系统及其二次隔振
（a）一次隔振；（b）二次隔振

二次隔振后的力学模型如图 4-7（b）所示，运动微分方程为：

$$\begin{cases} m_1 \ddot{x}_1 + k_1(x_1 - x_2) = F \\ m_2 \ddot{x}_2 + k_1(x_2 - x_1) + k_2 x_2 = 0 \end{cases} \tag{4-18}$$

$$\begin{cases} \ddot{x}_1 + \dfrac{k_1}{m_1}x_1 - \dfrac{k_1}{m_1}x_2 = \dfrac{F}{m_1} \\ \ddot{x}_2 - \dfrac{k_1}{m_2}x_1 + \dfrac{k_1 + k_2}{m_2}x_2 = 0 \end{cases} \tag{4-19}$$

改写成

$$\begin{cases} \ddot{x}_1 + ax_1 - ax_2 = \dfrac{F}{m_1} \\ \ddot{x}_2 - bx_1 + cx_2 = 0 \end{cases} \tag{4-20}$$

其中

$$a = \frac{k_1}{m_1} \tag{4-21}$$

$$b = \frac{k_1}{m_2} \tag{4-22}$$

$$c = \frac{k_1 + k_2}{m_2} \tag{4-23}$$

$$\begin{cases} x_1 = A_1 e^{i\omega t} \\ x_2 = A_2 e^{i\omega t} \end{cases} \tag{4-24}$$

$$\begin{cases} \ddot{x}_1 = -\omega^2 A_1 e^{i\omega t} \\ \ddot{x}_2 = -\omega^2 A_2 e^{i\omega t} \end{cases} \tag{4-25}$$

代入方程组得：

$$\begin{cases} -\omega^2 A_1 e^{i\omega t} + aA_1 e^{i\omega t} - aA_2 e^{i\omega t} = \dfrac{F}{m_1} \\ -\omega^2 A_2 e^{i\omega t} - bA_1 e^{i\omega t} + cA_2 e^{i\omega t} = 0 \end{cases} \tag{4-26}$$

$$(c - \omega^2) A_2 e^{i\omega t} = bA_1 e^{i\omega t} \tag{4-27}$$

$$\frac{A_2}{A_1} = \frac{b}{c - \omega^2} \tag{4-28}$$

在 $\omega = 101.5\text{s}^{-1}$时，振幅比为：

$$\frac{A_2}{A_1} = \frac{b}{c - \omega^2} = -0.063 \tag{4-29}$$

$$A_2 = -0.063A_1 = 0.063 \times 5 = 0.315\text{mm} \tag{4-30}$$

二次隔振后基础所受的动负荷幅值为：

$$F_{T2} = k_2 A_2 = 6.6 \times 10^6 \times 0.315 \times 10^{-3} = 2079\text{N} \tag{4-31}$$

二次隔振动负荷的幅值与一次隔振动负荷的幅值的比值为：

$$\frac{F_{T2}}{F_{T1}} = \frac{2079}{19500} \times 100\% = 10.66\% \tag{4-32}$$

弹簧 k_2 的选取遵从等压缩量的原则，即弹簧 k_2 与弹簧 k_1 的压缩量应保持一致。弹簧 k_1 承载振动筛的质量，弹簧 k_2 承载振动筛的质量和隔振质量，因此

$$\frac{k_2}{k_1} = \frac{m_1 + m_2}{m_1} = 1 + \mu \tag{4-33}$$

式中，$\mu = \dfrac{m_2}{m_1}$为隔振质量比。

经验表明μ的合理取值范围为0.5~0.7。理论上μ的值越大，隔振质量就越大，其振幅就越小，隔振效果就越好。但是当μ大于0.7时，随着隔振质量的增大，隔振效果增加的较缓慢。

第 5 章　振动卸料离心机

煤炭脱水是选煤作业的重要环节之一，块煤和末煤脱水的主要设备有振动筛和离心机。由于离心力比重力大得多，所以离心机脱水效果比振动筛脱水效果好。块煤经过振动筛脱水后的产品一般能够达到要求，但是末煤用振动筛脱水后的产品达不到用户要求，要用离心机再次脱水。煤泥脱水更难，要用转数更大的离心机，而且用振动的方法不能卸料，需采用螺旋刮刀强制卸料。

根据振动离心机工况点振动原理的不同，振动离心机分为反共振离心机、远共振离心机和非线性近共振离心机三种。

5.1　反共振卧式振动离心机结构

20 世纪 90 年代末，澳大利亚利用动力吸振器的原理研制出了反共振卧式振动离心机，其外形如图 5-1 所示。反共振卧式振动离心机主要由底架、主电机、皮带罩、振动电机、外方体、水仓体、入料口、出料口和离心液出口等组成。

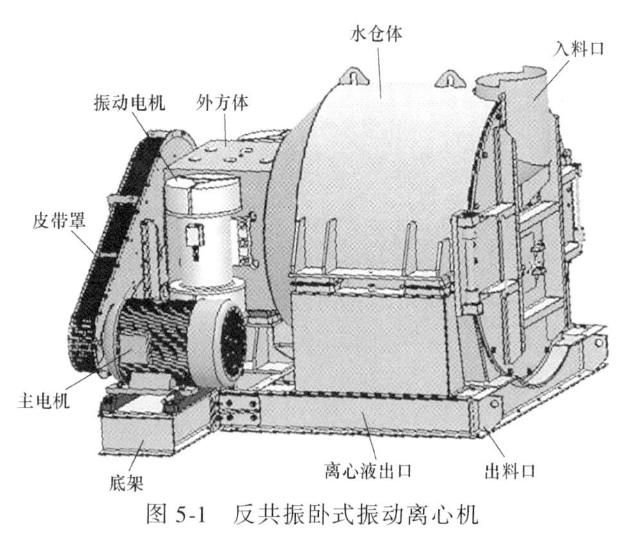

图 5-1　反共振卧式振动离心机

图 5-1 彩图

反共振卧式振动离心机的结构如图5-2所示，其工作原理包括离心脱水和振动卸料两部分。

（1）离心脱水。主电动机1旋转，通过小皮带轮2、三角带3和大皮带轮4减速后，驱动主轴5带动筛篮6旋转；同时物料从入料口15给到筛篮底部，由于筛孔尺寸小于0.5mm，在离心力的作用下，离心液携带少部分细粒煤透过筛篮，通过离心液出口12排出。

（2）振动卸料。振动电机10反向同步旋转产生水平激振力，使筛篮以相同的频率水平振动，物料在振动作用下连续地向筛篮大端运动，最后通过出料口14排出，实现固液分离。

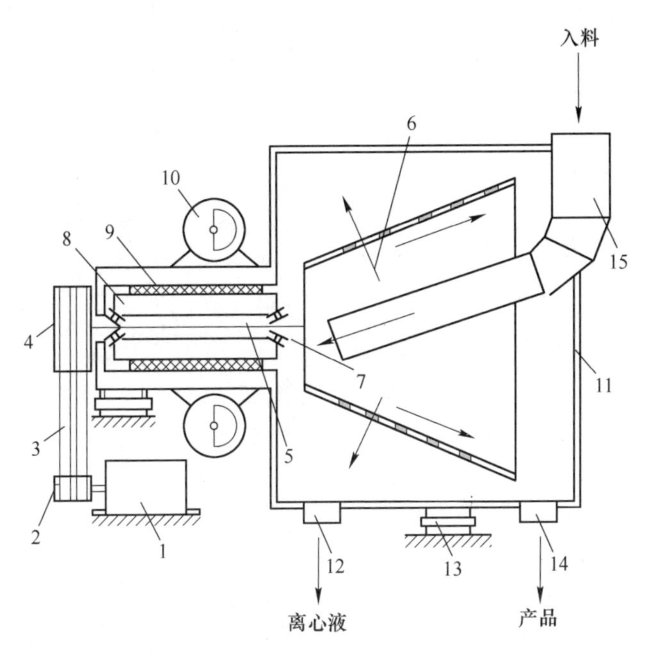

图5-2 反共振卧式振动离心机结构

1—主电动机；2—小皮带轮；3—三角带；4—大皮带轮；5—主轴；6—筛篮；7—轴承；8—内方体；9—橡胶剪切弹簧；10—振动电机；11—水仓体；12—离心液出口；13—橡胶弹簧；14—出料口；15—入料口

5.2 反共振卧式振动离心机动力学

双振动电机自同步激振力是水平方向的，激励筛篮沿水平方向振动来完成物料的输送。其他方向的振动很小，因此只研究水平方向的振动。

反共振卧式振动离心机为双质体振动系统，振动质体 1 由外方体、水仓体、门板、入料管和振动电机等组成。振动质体 2 由大皮带轮、主轴、内方体、轴承、迷宫、筛篮和筛篮盘等组成。

反共振卧式振动离心机的力学模型简化过程如图 5-3（a）、（b）所示。

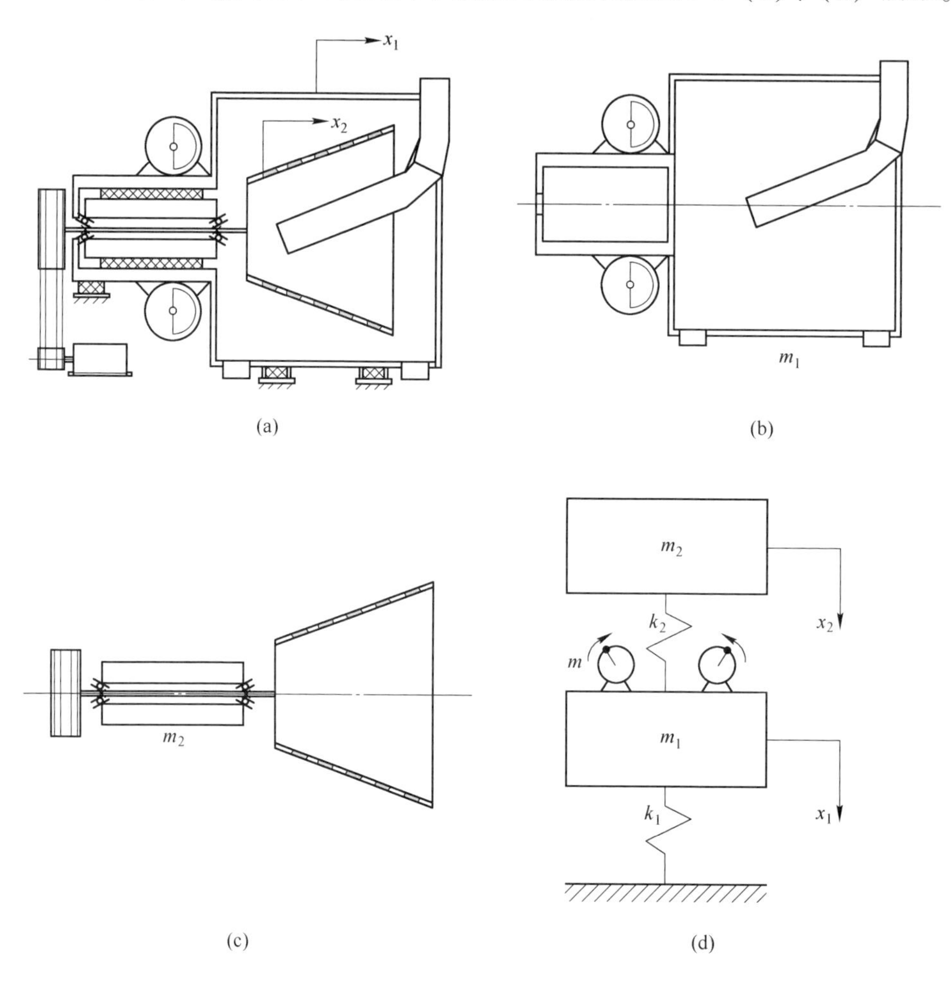

图 5-3 反共振卧式振动离心机力学模型

（a）结构原理；（b）振动质体 1；（c）振动质体 2；（d）力学模型

由于三角带的质量与振动质体 2 的质量相比很小，所以忽略三角带对振动质体 2 的作用。由于阻尼很小，为了简化计算忽略阻尼的作用，双质体振动微分方程为：

$$
\begin{cases}
m_1\ddot{x}_1+(k_1+k_2)x_1-k_2x_2=2m\omega^2r\cos\omega t\\
m_2\ddot{x}_2-k_2x_1+k_2x_2=0
\end{cases}
\tag{5-1}
$$

式中 m_1——振动质体1的质量；

m_2——振动质体2的质量；

k_1——外方体和水仓体与基础之间的隔振弹簧在水平方向的剪切刚度系数；

k_2——内外方体之间的橡胶弹簧在水平方向的剪切刚度系数；

m——每台振动电机的偏心质量；

r——偏心半径；

ω——旋转角频率。

设方程（5-1）的解为：

$$
\begin{cases}
x_1=X_1\cos\omega t\\
x_2=X_2\cos\omega t
\end{cases}
\tag{5-2}
$$

$$
\begin{cases}
\ddot{x}_1=-\omega^2X_1\cos\omega t\\
\ddot{x}_2=-\omega^2X_2\cos\omega t
\end{cases}
\tag{5-3}
$$

代入方程（5-1），解得：

$$
\begin{cases}
X_1=\dfrac{2mr}{m_1}\dfrac{\omega^2(\omega_2^2-\omega^2)}{(\omega_1^2+\mu\omega_2^2-\omega^2)(\omega_2^2-\omega^2)-\mu\omega_2^4}\\
X_2=\dfrac{2mr}{m_1}\dfrac{\omega^2\omega_2^2}{(\omega_1^2+\mu\omega_2^2-\omega^2)(\omega_2^2-\omega^2)-\mu\omega_2^4}
\end{cases}
\tag{5-4}
$$

式中，$\omega_1=\sqrt{\dfrac{k_1}{m_1}}$，$\omega_2=\sqrt{\dfrac{k_2}{m_2}}$，$\mu=\dfrac{m_2}{m_1}$。

$$
\begin{cases}
X_1=\dfrac{2mr}{m_1}\dfrac{\omega^2(\omega_2^2-\omega^2)}{(\omega^2-\omega_{01}^2)(\omega^2-\omega_{02}^2)}\\
X_2=\dfrac{2mr}{m_1}\dfrac{\omega^2\omega_2^2}{(\omega^2-\omega_{01}^2)(\omega^2-\omega_{02}^2)}
\end{cases}
\tag{5-5}
$$

式中

$$
\begin{cases}
\omega_{01}^2 = \dfrac{\omega_1^2 + (1+\mu)\omega_2^2 - \sqrt{[\omega_1^2 + (1+\mu)\omega_2^2]^2 - 4\omega_1^2\omega_2^2}}{2} \\
\omega_{02}^2 = \dfrac{\omega_1^2 + (1+\mu)\omega_2^2 + \sqrt{[\omega_1^2 + (1+\mu)\omega_2^2]^2 - 4\omega_1^2\omega_2^2}}{2}
\end{cases} \tag{5-6}
$$

由式（5-6）得到反共振卧式振动离心机的幅频特性曲线如图 5-4 所示。

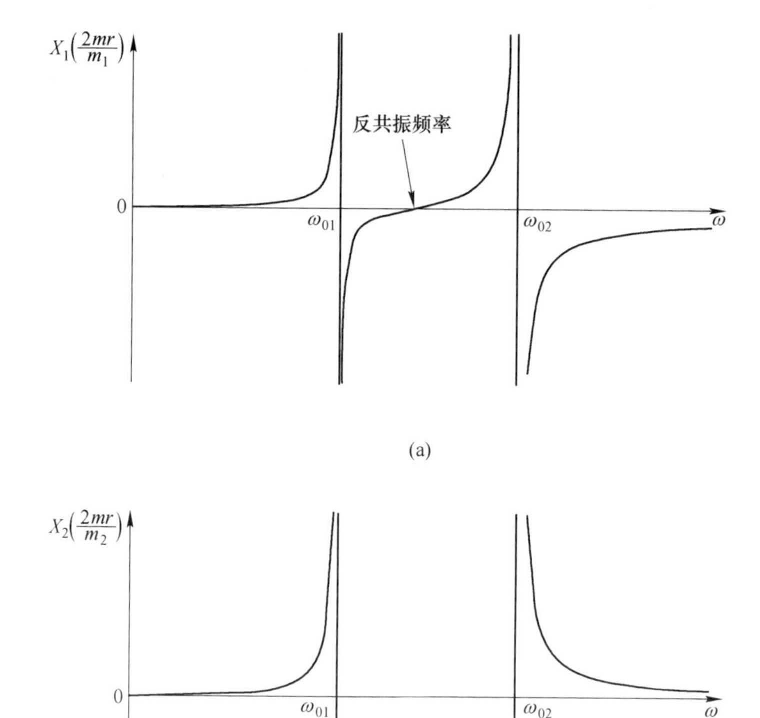

图 5-4　反共振卧式振动离心机幅频特性曲线

（a）X_1 的幅频特性曲线；（b）X_2 的幅频特性曲线

从幅频特性曲线中可以看出，当振动电机的频率满足 $\omega = \omega_2$ 时，$X_1 = 0$，$X_2 = -\dfrac{2mr}{m_2}$。这种激振源所在的质体不振动，而另一个质体振动的双质体振动系统叫动力吸振器或动力减振器。

在双质体及以上的振动系统中，当激励频率达到某一值时，有一个质体不振动，其余的质体振动。不振动与共振正好相反，因此称其为反共振。反共振卧式振动离心机的壳体和振动电机只有微小的振动，对基础的动负荷很小。以工况点的位置来命名的振动离心机还有远共振离心机和近共振离心机，它们分别工作在远共振区和近共振区。

实际上由于阻尼的存在，振幅为 0 的点是不存在的，但是仍能找到振幅最小的反共振点，以下分析阻尼存在时的振动情况。

理论和实践表明：只有主振弹簧的阻尼对振动有影响，隔振弹簧的阻尼对振动的影响很小，可以忽略不计。参照图 5-3，在 m_1 和 m_2 之间增加阻尼 c，振动微分方程为：

$$\begin{cases} m_1\ddot{x}_1 + c(\dot{x}_1 - \dot{x}_2) + (k_1 + k_2)x_1 - k_2x_2 = 2m\omega^2 r\cos\omega t \\ m_2\ddot{x}_2 + c(\dot{x}_2 - \dot{x}_1) + k_2(x_2 - x_1) = 0 \end{cases} \tag{5-7}$$

激振力以复数形式表示为：$F(t) = 2m\omega^2 r\cos\omega t = \mathrm{Re}F_0\mathrm{e}^{i\omega t}$，由此可知激励力仅有实部，因此响应位移也只有实部。设方程（5-7）的解为 $x_1(t) = X_1\mathrm{e}^{i\omega t}$，$x_2(t) = X_2\mathrm{e}^{i\omega t}$。代入方程（5-7）得

$$\begin{cases} -\omega^2 m_1X_1\mathrm{e}^{i\omega t} + ci\omega(X_1\mathrm{e}^{i\omega t} - X_2\mathrm{e}^{i\omega t}) + (k_1 + k_2)X_1\mathrm{e}^{i\omega t} - k_2X_2\mathrm{e}^{i\omega t} = F_0\mathrm{e}^{i\omega t} \\ -\omega^2 m_2X_2\mathrm{e}^{i\omega t} + ci\omega(X_2\mathrm{e}^{i\omega t} - X_1\mathrm{e}^{i\omega t}) + k_2(X_2\mathrm{e}^{i\omega t} - X_1\mathrm{e}^{i\omega t}) = 0 \end{cases}$$

$$\begin{cases} (k_1 + k_2 - \omega^2 m_1 + ic\omega)X_1 - (k_2 + ic\omega)X_2 = F_0 \\ -(k_2 + ic\omega)X_1 + (k_2 - \omega^2 m_2 + ic\omega)X_2 = 0 \end{cases}$$

$$\begin{cases} X_1 = \dfrac{(k_2 - \omega^2 m_2 + ic\omega)F_0}{(k_1 + k_2 - \omega^2 m_1 + ic\omega)(k_2 - \omega^2 m_2 + ic\omega) - (k_2 + ic\omega)^2} \\ X_2 = \dfrac{(k_2 + ic\omega)F_0}{(k_1 + k_2 - \omega^2 m_1 + ic\omega)(k_2 - \omega^2 m_2 + ic\omega) - (k_2 + ic\omega)^2} \end{cases}$$

$$\begin{cases} X_1 = \dfrac{(k_2 - \omega^2 m_2 + ic\omega)F_0}{(k_1 + k_2 - \omega^2 m_1)(k_2 - \omega^2 m_2) - k_2^2 + ic\omega[k_1 - \omega^2(m_1 + m_2)]} \\ X_2 = \dfrac{(k_2 + ic\omega)F_0}{(k_1 + k_2 - \omega^2 m_1)(k_2 - \omega^2 m_2) - k_2^2 + ic\omega[k_1 - \omega^2(m_1 + m_2)]} \end{cases}$$

用模和幅角表示为：

$$\begin{cases} |X_1| = \dfrac{\sqrt{(k_2-\omega^2 m_2)^2+(c\omega)^2}\,F_0}{\sqrt{[(k_1+k_2-\omega^2 m_1)(k_2-\omega^2 m_2)-k_2^2]^2+\{c\omega[k_1-\omega^2(m_1+m_2)]\}^2}} \\ |X_2| = \dfrac{\sqrt{k_2^2+(c\omega)^2}\,F_0}{\sqrt{[(k_1+k_2-\omega^2 m_1)(k_2-\omega^2 m_2)-k_2^2]^2+\{c\omega[k_1-\omega^2(m_1+m_2)]\}^2}} \end{cases} \tag{5-8}$$

$$\begin{cases} \varphi_1 = \operatorname{atan}\dfrac{c\omega}{k_2-\omega^2 m_2} - \operatorname{atan}\dfrac{c\omega[k_1-\omega^2(m_1+m_2)]}{(k_1+k_2-\omega^2 m_1)(k_2-\omega^2 m_2)-k_2^2} \\ \varphi_2 = \operatorname{atan}\dfrac{c\omega}{k_2} - \operatorname{atan}\dfrac{c\omega[k_1-\omega^2(m_1+m_2)]}{(k_1+k_2-\omega^2 m_1)(k_2-\omega^2 m_2)-k_2^2} \end{cases} \tag{5-9}$$

将方程（5-7）化为标准形式：

$$\begin{cases} \ddot{x}_1 + 2\mu\xi_2\omega_2(\dot{x}_1-\dot{x}_2) + \omega_1^2 x_1 + \mu\omega_2^2(x_1-x_2) = \dfrac{2m\omega^2 r}{m_1}\cos\omega t \\ \ddot{x}_2 + 2\xi_2\omega_2(\dot{x}_2-\dot{x}_1) + \omega_2^2(x_2-x_1) = 0 \end{cases} \tag{5-10}$$

式中，$\mu=\dfrac{m_2}{m_1}$，$\omega_1^2=\dfrac{k_1}{m_1}$，$\omega_2^2=\dfrac{k_2}{m_2}$，$z=\dfrac{\omega}{\omega_2}$，$\xi_2=\dfrac{c}{2m_2\omega_2}$，$\gamma=\dfrac{\omega_2}{\omega_1}$。

将式（5-8）和式（5-9）化简如下：

$$\begin{cases} |X_1| = \dfrac{2mr}{m_1}\dfrac{\gamma^2 z^2\sqrt{(1-z^2)^2+(2\xi_2 z)^2}}{\sqrt{[(1+\mu\gamma^2-\gamma^2 z^2)(1-z^2)-\mu\gamma^2]^2+[2\xi_2 z(1-\gamma^2 z^2-\mu\gamma^2 z^2)]^2}} \\ |X_2| = \dfrac{2mr}{m_1}\dfrac{\gamma^2 z^2\sqrt{1+(2\xi_2 z)^2}}{\sqrt{[(1+\mu\gamma^2-\gamma^2 z^2)(1-z^2)-\mu\gamma^2]^2+[2\xi_2 z(1-\gamma^2 z^2-\mu\gamma^2 z^2)]^2}} \end{cases} \tag{5-11}$$

$$\begin{cases} \varphi_1 = \operatorname{atan}\dfrac{2\xi_2 z}{1-z^2} - \operatorname{atan}\dfrac{2\xi_2 z(1-\gamma^2 z^2-\mu\gamma^2 z^2)}{(1+\mu\gamma^2-\gamma^2 z^2)(1-z^2)-\mu\gamma^2} \\ \varphi_2 = \operatorname{atan}2\xi_2 z - \operatorname{atan}\dfrac{2\xi_2 z(1-\gamma^2 z^2-\mu\gamma^2 z^2)}{(1+\mu\gamma^2-\gamma^2 z^2)(1-z^2)-\mu\gamma^2} \end{cases} \tag{5-12}$$

取其实部：

$$\begin{cases} x_1 = |X_1|\cos(\omega t-\varphi_1) \\ x_2 = |X_2|\cos(\omega t-\varphi_2) \end{cases}$$

1400 型反共振卧式振动离心机的振动电机为四级电机，理论设计，当阻尼等于 0 时，筛篮的振幅为 2～2.5mm，取 $\frac{2mr}{m_2}=2.5$，根据式（5-11）分别画出 $\xi_2=0.1$ 和 $\xi_2=0$ 时的幅频特性曲线如图 5-5 所示。

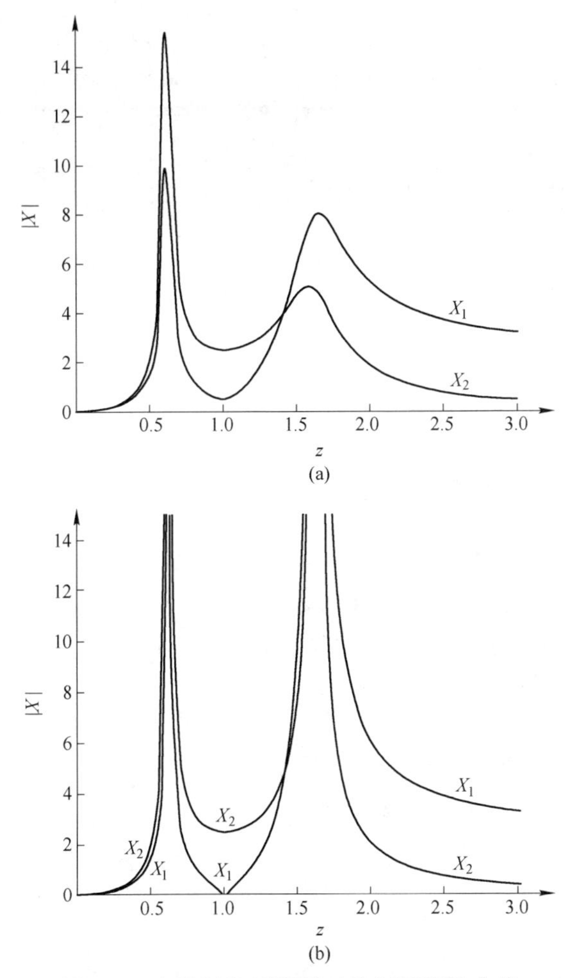

图 5-5 有阻尼和无阻尼时的幅频特性曲线

（a）ξ_2=0.1 时的幅频特性曲线；（b）ξ_2=0 时的幅频特性曲线

5.3 远共振卧式振动离心机结构

我国于 20 世纪 90 年代自主设计和制造的 WZY1400 型卧式振动离心机

为远共振卧式振动离心机，其结构如图 5-6 所示。WZY1400 型卧式振动离心机主要由旋转部分、振动部分、机架和润滑系统组成。

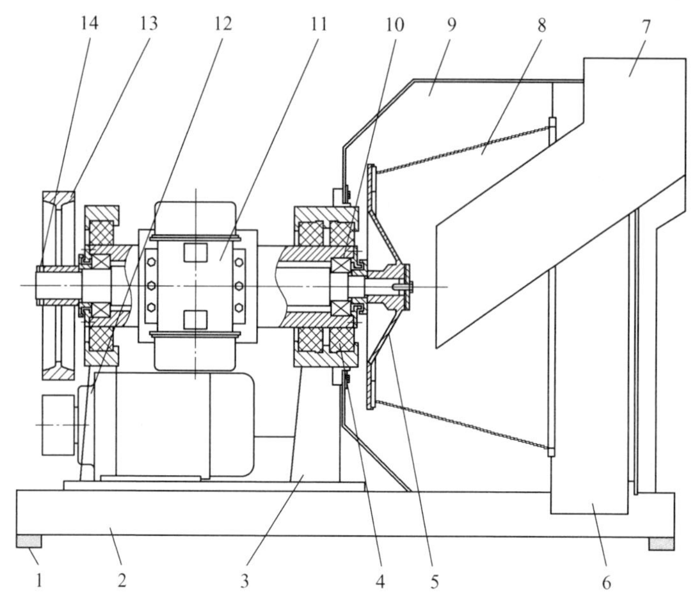

图 5-6　WZY1400 型卧式振动离心机结构

1—隔振弹簧；2—机架；3—支座；4—环形橡胶弹簧；5—筛篮座；6—出料口；7—给料管；8—筛篮；9—水仓体；10—轴承；11—振动电机；12—主电机；13—皮带轮；14—轴头锁母

旋转系统：主轴的两端分别连接大皮带轮和筛篮，主轴由一对推力轴承安装在箱体内。为了保证主轴与箱体之间不会出现窜轴现象，推力轴承相向安装。主电机通过三角带经大皮带轮驱动主轴，带动固定在主轴一端的筛篮高速旋转。

振动系统：两台激振电机分别位于箱体两侧并与箱体相连，箱体的两端被环形橡胶包围。两台振动电机反向旋转，形成与筛篮轴线平行的水平直线激振力，激励大皮带轮、主轴、箱体、振动电机和筛篮一起振动。

环形橡胶弹簧是两个质体之间的主振弹簧，共有 3 个，皮带轮侧 1 个，筛篮侧 2 个，保证筛篮轴线水平。环形橡胶弹簧将离心机分割成两个质体，如图 5-7 所示，筛篮、主轴、轴承、箱体、振动电机、大皮带轮等组成质体 1，水仓体、给料管、门板、机架、主电机等组成质体 2，质体 2 由隔振弹簧与地基相连。

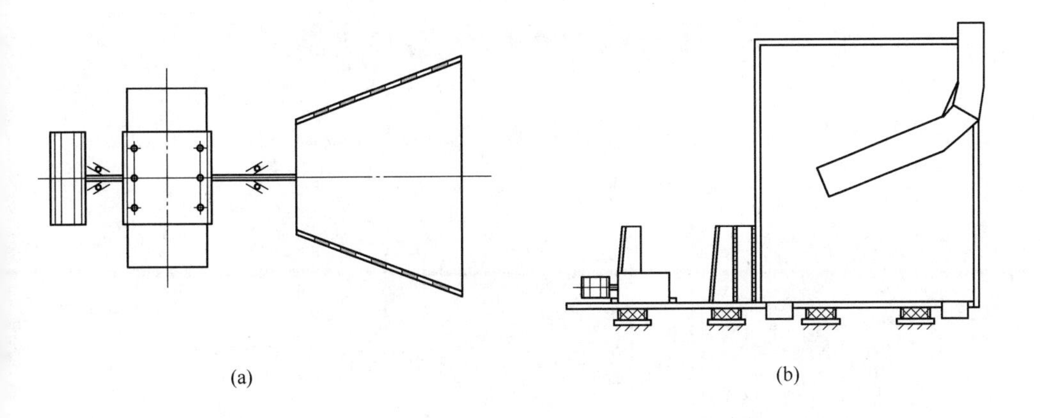

图 5-7 WZY1400 型卧式振动离心机振动质体

（a）振动质体 1；（b）振动质体 2

WZY1400 型卧式振动离心机采用外双锥形橡胶弹簧作为主振弹簧，其外形结构如图 5-8 所示。该橡胶弹簧以及平衡该弹簧旋转力矩的装置解决了环形弹簧易撕裂，接触不稳定，在运行过程中易形成线接触等问题，从而解决了整机易运行不稳、噪声大等缺点。此外该设计节省了许多零件，使得离心机的调整特别简单，而且由于去掉了橡胶密封薄膜，减少了密封点，解决了箱体多处漏油以及煤尘渗入主轴承的问题。

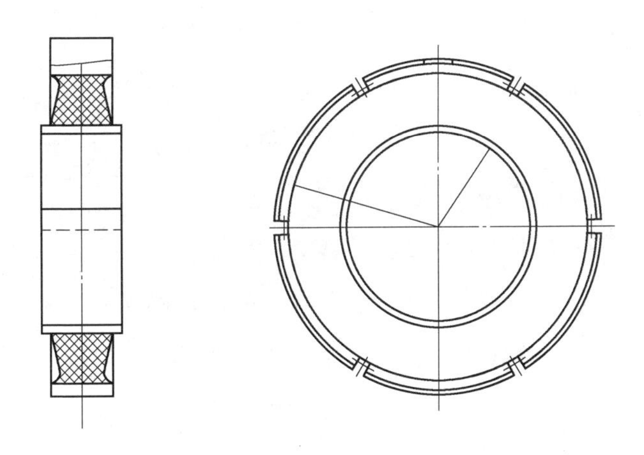

图 5-8 外双锥形橡胶弹簧

5.4　远共振卧式振动离心机动力学

远共振卧式振动离心机的力学模型如图 5-9 所示。

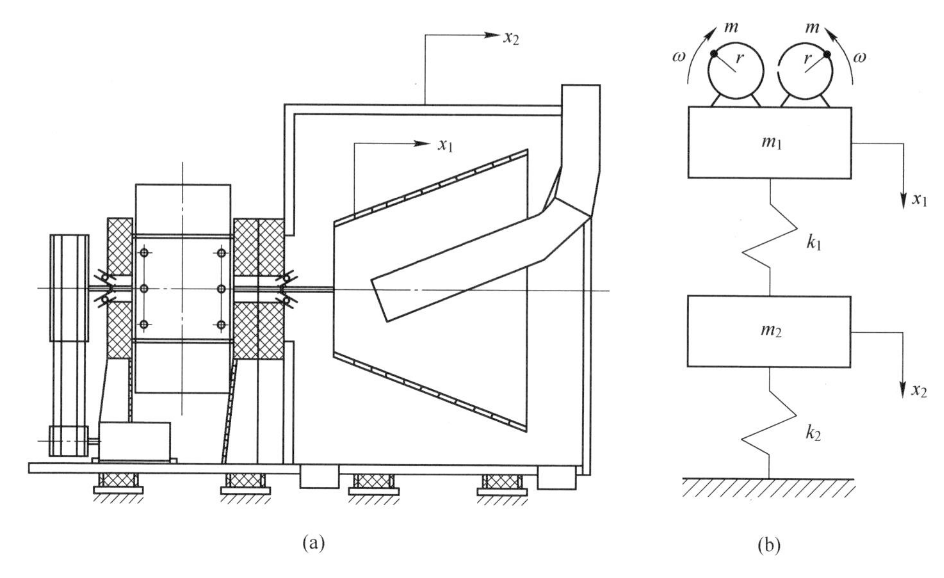

图 5-9　远共振卧式振动离心机力学模型

（a）结构原理；（b）力学模型

与反共振卧式振动离心机的力学模型相比，振动电机安装在了上质体上。由于阻尼很小，所以忽略阻尼。双质体振动微分方程为：

$$\begin{cases} m_1 \ddot{x}_1 + k_1 x_1 - k_1 x_2 = 2m\omega^2 r\sin\omega t \\ m_2 \ddot{x}_2 + k_1(x_2 - x_1) + k_2 x_2 = 0 \end{cases} \tag{5-13}$$

式中　m_1——振动质体 1 的质量；

m_2——振动质体 2 的质量；

k_1——3 个环形橡胶弹簧在水平方向的剪切刚度系数；

k_2——隔振弹簧在水平方向的剪切刚度系数；

m——每台振动电机的偏心质量；

r——偏心半径；

ω——旋转角频率。

设方程（5-13）的解为：

$$\begin{cases} x_1 = X_1 \sin\omega t \\ x_2 = X_2 \sin\omega t \end{cases} \tag{5-14}$$

$$\begin{cases} \ddot{x}_1 = -\omega^2 X_1 \sin\omega t \\ \ddot{x}_2 = -\omega^2 X_2 \sin\omega t \end{cases} \tag{5-15}$$

代入方程（5-13），解得：

$$\begin{cases} X_1 = \dfrac{2mr}{m_1} \dfrac{\omega^2(\omega_1^2 + \mu\omega_2^2 - \mu\omega^2)}{\mu\omega^4 - (\omega_1^2 + \mu\omega_2^2 + \mu\omega_1^2)\omega^2 + \mu\omega_1^2\omega_2^2} \\ X_2 = \dfrac{2mr}{m_1} \dfrac{\omega^2\omega_1^2}{\mu\omega^4 - (\omega_1^2 + \mu\omega_2^2 + \mu\omega_1^2)\omega^2 + \mu\omega_1^2\omega_2^2} \end{cases} \tag{5-16}$$

式中，$\omega_1^2 = \dfrac{k_1}{m_1}$，$\omega_2^2 = \dfrac{k_2}{m_2}$，$\mu = \dfrac{m_2}{m_1}$。

$$\begin{cases} X_1 = \dfrac{2mr}{m_1} \dfrac{\omega^2(\omega_1^2 + \mu\omega_2^2 - \mu\omega^2)}{(\omega^2 - \omega_{01}^2)(\omega^2 - \omega_{02}^2)} \\ X_2 = \dfrac{2mr}{m_1} \dfrac{\omega^2\omega_1^2}{(\omega^2 - \omega_{01}^2)(\omega^2 - \omega_{02}^2)} \end{cases} \tag{5-17}$$

式中

$$\begin{cases} \omega_{01}^2 = \dfrac{\left(\omega_1^2 + \dfrac{\omega_1^2}{\mu} + \omega_2^2\right) - \sqrt{\left(\omega_1^2 + \dfrac{\omega_1^2}{\mu} + \omega_2^2\right)^2 - 4\omega_1^2\omega_2^2}}{2} \\ \omega_{02}^2 = \dfrac{\left(\omega_1^2 + \dfrac{\omega_1^2}{\mu} + \omega_2^2\right) + \sqrt{\left(\omega_1^2 + \dfrac{\omega_1^2}{\mu} + \omega_2^2\right)^2 - 4\omega_1^2\omega_2^2}}{2} \end{cases} \tag{5-18}$$

由式（5-17）得到远共振卧式振动离心机的幅频特性曲线如图 5-10 所示。

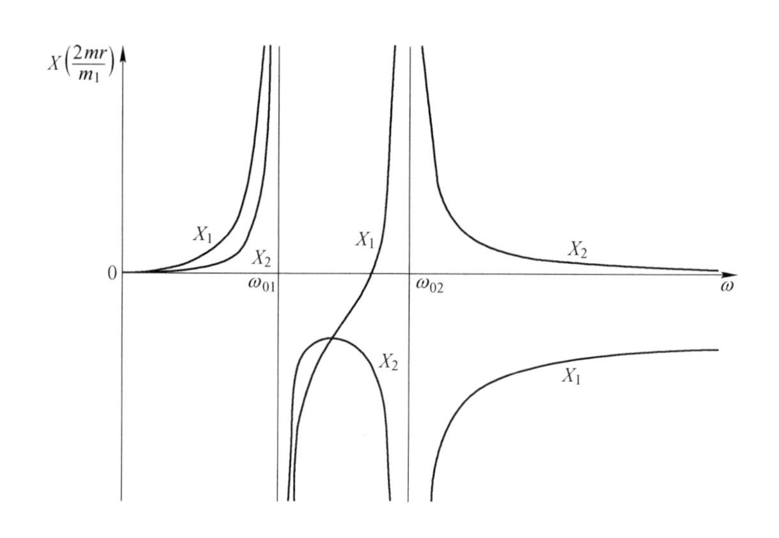

图 5-10　远共振卧式振动离心机幅频特性曲线

从幅频特性曲线中可以看出，当振动电机工作在远共振区时，上质体振幅 $X_1 \approx \frac{2mr}{m_1}$，下质体振幅越来越小并趋近于 0。如果下质体直接与地基相连，下质体振幅为 0 就成了单质体力学模型。单质体与双质体的幅频特性曲线在远共振区近似重合，因此在计算有隔振质体的远共振振动机械时，可简单按照单质体振动来计算。

WZY1400 型卧式振动离心机的振动电机直接安装在上质体 m_1 上，下质体 m_2 起的作用就是二次隔振。因此在保证上质体 m_1（筛篮）有相同振幅的条件下，通过增大机架和支座结构的质量，可以增大 $\frac{m_2}{m_1}$ 的质量比，从而减小下质体 m_2 的振幅，对于减小对地基的动负荷是非常有益的。

5.5 非线性近共振卧式振动离心机结构

过去几十年里，利用共振原理设计制造的振动机械使用的弹簧大都是非线性的，与线性振动机械相比较具有以下优点：

（1）幅频特性曲线在近共振区斜率小，当频率有所变化时，振幅变化不大。

（2）振动电机工作在近共振区，在相同的振幅下所需的激振力小，装机功率小，能耗低。

非线性近共振卧式振动离心机如图5-11所示，主电动机旋转，通过小皮带轮、三角带和大皮带轮减速后，驱动主轴带动筛篮旋转。

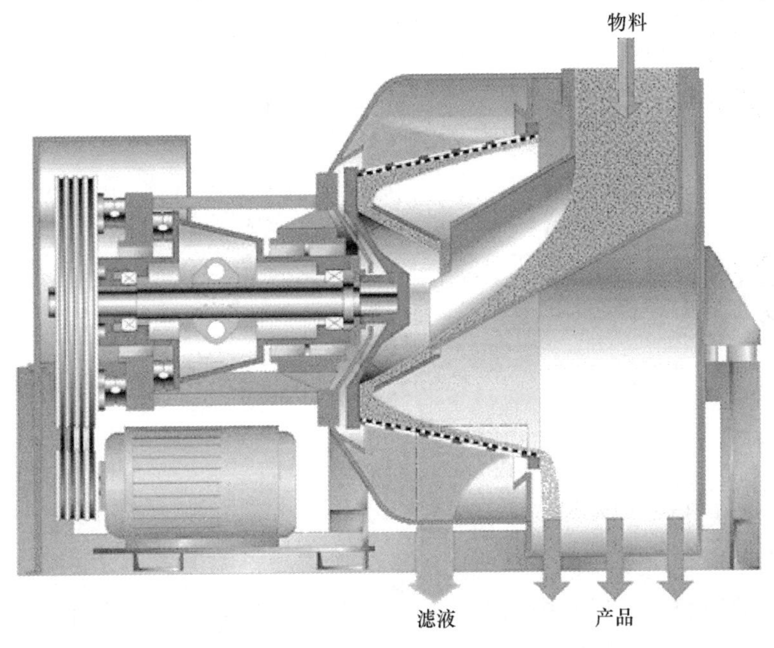

图5-11 非线性近共振卧式振动离心机

非线性近共振卧式振动离心机采用箱式的双轴激振器激振，如图5-12所示。激振器与主轴、筛篮为同一质体，激振器有两根轴，每根轴上装有两个偏心块（轮），偏心块上下对称布置，并有一对齿数相同的齿轮强迫同步反向旋转，钢齿轮安装在主动轴上，与安装在从动轴上的胶木齿轮啮合。激振器旋转时，离心力在水平方向叠加，在垂直方向抵消，激励筛篮沿水平方向振动。

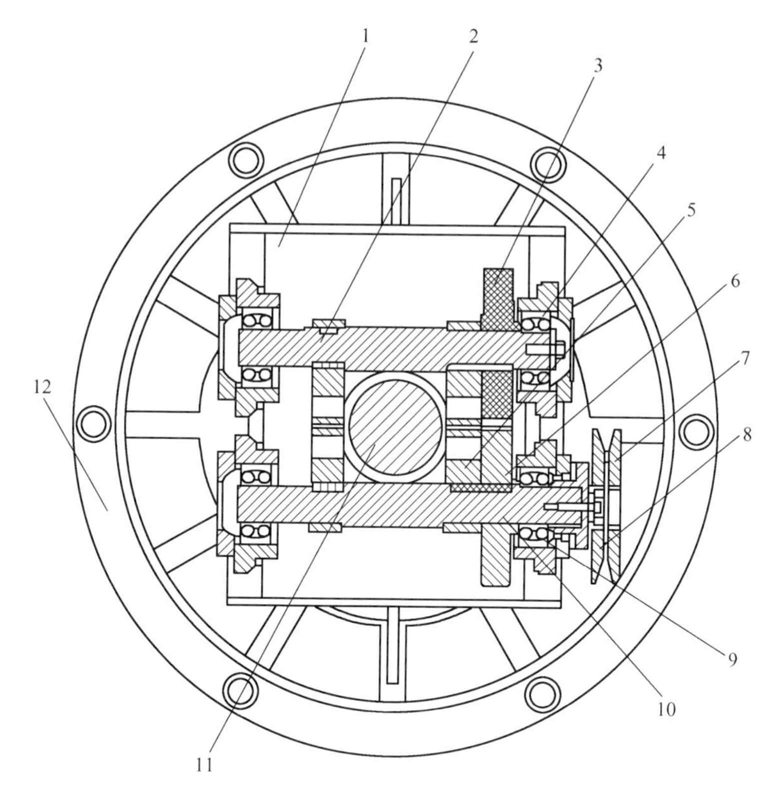

图 5-12 振动箱体横剖图

1—振动箱体；2—从动轴；3—胶木齿轮；4—球面滚子轴承；5—偏心块；6—钢齿轮；7—三角带轮；8—调整垫片；9—球面滚子轴承；10—主动轴；11—主轴；12—壳体

为了减小噪声，从动齿轮采用胶木齿轮。在偏心轮上有圆孔，用加减圆柱销来改变偏心质量和偏心距，以调整激振力和振幅的大小。主轴上的三角带轮为单槽剖分式，增减中间的垫片可以改变皮带轮的实际直径，达到调节激振频率而产生共振的目的。

振动箱体的纵剖图如图 5-13 所示。在振动过程中，两组扇形缓冲垫进行碰撞，扇形缓冲垫之间的间隙一般在 0.6~0.9mm，可以通过增加或减少缓冲垫内侧的调整垫片来调整间隙从而改变振幅。

筛篮的锥角取决于要脱水的产品，例如煤为 13°、15°，铝矾土为 22.5°。

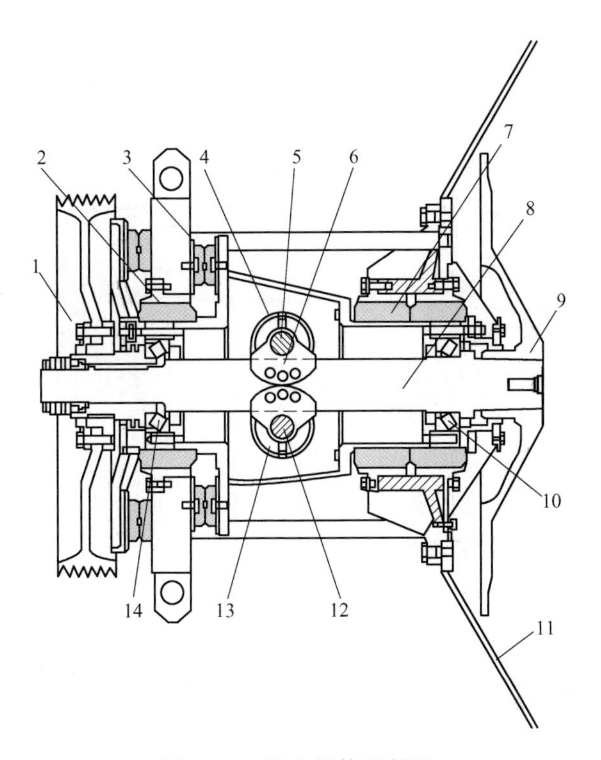

图 5-13 振动箱体纵剖图

1—大皮带轮；2—环形橡胶缓冲垫；3—扇形缓冲垫；4—胶木齿轮；5—从动轴；6—偏心块；7—环形橡胶弹簧；8—主轴；9—筛篮背板；10—锥面滚子轴承；11—壳体；12—主动轴；13—钢齿轮；14—锥面滚子轴承

5.6 非线性近共振卧式振动离心机动力学

为了获得更稳定的振幅，利用共振原理设计制造的振动机械多采用非线性弹簧，并且工作在小于共振频率的附近，一般称为近共振或亚共振振动机械。这种共振机械一般要做成双质体，与单质体相比，对基础的动负荷较小。

如图 5-14 所示，非线性近共振卧式振动离心机使用的非线性弹簧的刚度特性曲线为折线形。弹性力对称或者接近于对称。

非线性近共振卧式振动离心机为双质体振动系统，振动质体 1 由水仓体、给料管、门板、机架、主电机等组成。振动质体 2 由大皮带轮、主轴、

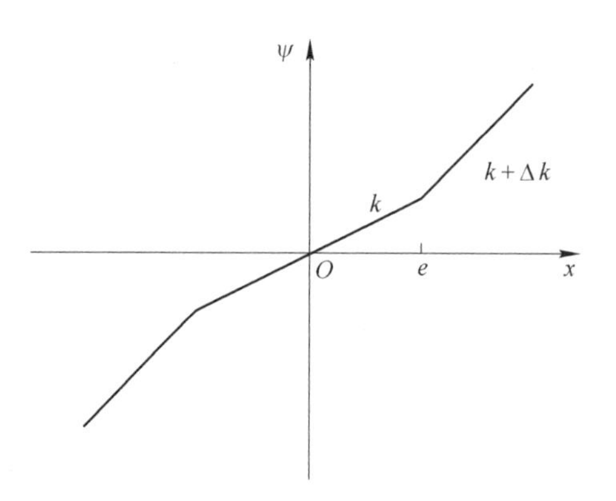

图 5-14　非线性弹簧的刚度特性

轴承、箱体、振动电机、筛篮及其附件等组成。非线性近共振卧式振动离心机的力学模型如图 5-15 所示。

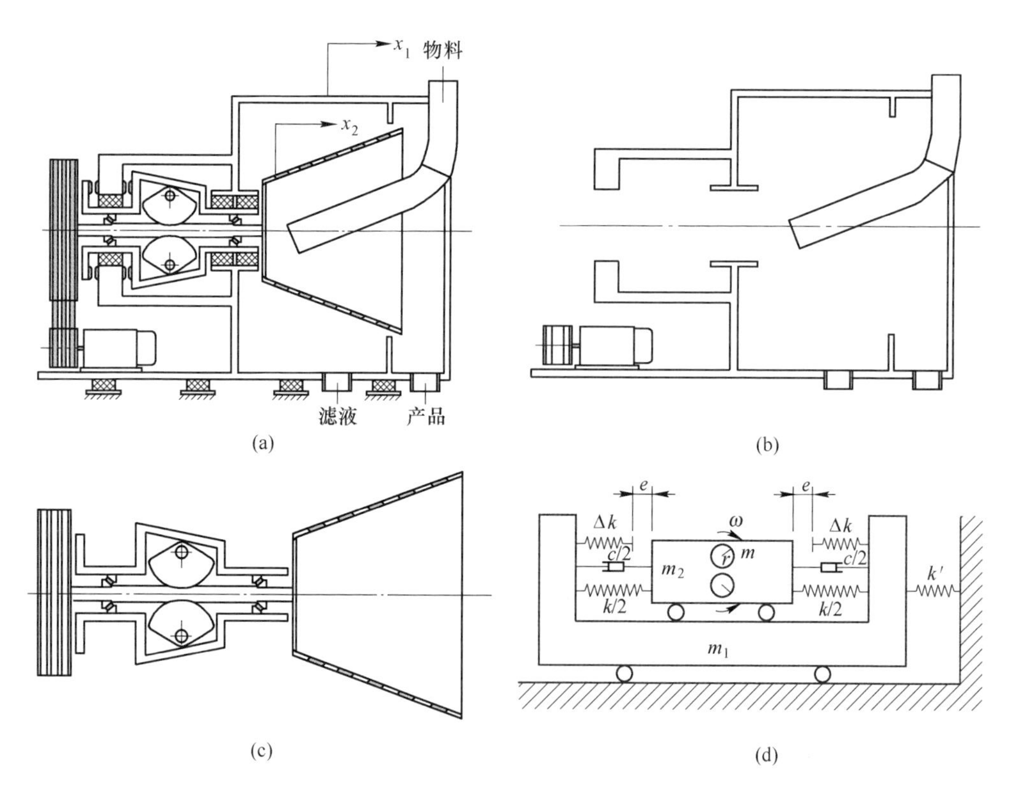

图 5-15　非线性近共振卧式振动离心机力学模型

（a）结构原理；（b）振动质体 1；（c）振动质体 2；（d）力学模型

隔振弹簧的刚度和阻尼与主振弹簧的刚度和阻尼相比很小，可以忽略。双质体振动微分方程为：

$$\begin{cases} m_1\ddot{x}_1 + c\dot{x} + \psi(x) = 0 \\ m_2\ddot{x}_2 - c\dot{x} - \psi(x) = 2m\omega^2 r\sin\omega t \end{cases} \tag{5-19}$$

式中 m_1——振动质体 1 的质量；

m_2——振动质体 2 的质量；

x_1——振动质体 1 的位移；

x_2——振动质体 2 的位移；

x——振动质体 1 和 2 的相对位移；

c——主振弹簧的阻尼系数；

$\psi(x)$——振动质体 1 所受的弹性力；

m——每台振动电机的偏心质量；

r——偏心半径；

ω——旋转角频率。

非线性弹性力可表示为：

$$\psi(x) = \begin{cases} kx + \Delta k(x+e) & x \leqslant -e \\ kx & -e < x < e \\ kx + \Delta k(x-e) & x \geqslant e \end{cases} \tag{5-20}$$

式中 k——主振弹簧的刚度系数；

Δk——附加弹簧的刚度系数；

e——弹簧间隙。

将式（5-19）中的第一个方程两边同乘以 $\dfrac{m_2}{m_1+m_2}$，第二个方程两边同乘以 $\dfrac{m_1}{m_1+m_2}$，两个方程相减得

$$m_u\ddot{x} + c\dot{x} + \psi(x) = P\sin\omega t \tag{5-21}$$

$$m_u = \frac{m_1 m_2}{m_1+m_2} \tag{5-22}$$

$$P = -2m\frac{m_1}{m_1+m_2}\omega^2 r \tag{5-23}$$

式中　m_u ——诱导质量；

P ——当量激振力。

在式（5-21）中，弹性力 $\psi(x)$ 是非线性的，该方程为非线性振动方程。用最小平方矩法求弹簧的等效刚度 k_e 。求出等效刚度后，用等效弹性力代替非线性弹性力，用等效线性化方程代替非线性方程。

设方程（5-21）的等效线性化方程为：

$$m_u\ddot{x} + c\dot{x} + k_e x = P\sin\omega t \tag{5-24}$$

为了使等效弹性力 $k_e x$ 与非线性弹性力 $\psi(x)$ 十分逼近，应该这样来确定弹簧的等效刚度 k_e，使等效刚度 k_e 对非线性弹性力与等效弹性力的差值同位移乘积的平方值在一个周期内的积分达到最小，即

$$\frac{\partial}{\partial k_e}\int_{-A}^{A}[\psi(x) - k_e x]^2 x^2 \mathrm{d}x = 0 \tag{5-25}$$

$$\frac{\partial}{\partial k_e}\int_{-A}^{A}[\psi^2(x)x^2 - 2\psi(x)k_e x^3 + k_e^2 x^4]\mathrm{d}x = 0$$

$$-2\int_{-A}^{A}\psi(x)x^3\mathrm{d}x + \frac{4}{5}A^5 k_e = 0$$

$$k_e = \frac{5}{2A^5}\int_{-A}^{A}\psi(x)x^3\mathrm{d}x \tag{5-26}$$

将式（5-20）代入式（5-26）得

$$\begin{aligned}k_e &= \frac{5}{2A^5}\int_{-A}^{A}\psi(x)x^3\mathrm{d}x \\ &= \frac{5}{2A^5}\left[\int_{-A}^{A}kx^4\mathrm{d}x + \int_{-A}^{-e}\Delta k(x+e)x^3\mathrm{d}x + \int_{e}^{A}\Delta k(x-e)x^3\mathrm{d}x\right] \\ &= k + \Delta k\left[1 - \frac{5}{4}\frac{e}{A} + \frac{1}{4}\left(\frac{e}{A}\right)^5\right]\end{aligned} \tag{5-27}$$

根据求得的等效刚度可以得到等效固有频率。

$$\omega_e = \sqrt{\frac{k_e}{m_u}} = \sqrt{\frac{1}{m_u}\left\{k + \Delta k\left[1 - \frac{5}{4}\frac{e}{A} + \frac{1}{4}\left(\frac{e}{A}\right)^5\right]\right\}} \tag{5-28}$$

由式（5-27）和式（5-28）可知，等效刚度和等效固有频率随振幅的增大而增大，非线性近共振卧式振动离心机具有弹簧硬特性。

将弹簧等效刚度分别代入式（5-19）和式（5-21）得到对应的等效线性

化方程：

$$\begin{cases} m_1 \ddot{x}_1 + c\dot{x} + k_e x = 0 \\ m_2 \ddot{x}_2 - c\dot{x} - k_e x = 2m\omega^2 r\sin\omega t \end{cases} \tag{5-29}$$

$$m_u \ddot{x} + c\dot{x} + k_e x = P\sin\omega t \tag{5-30}$$

设方程（5-29）和方程（5-30）的解为：

$$\begin{cases} x_1 = A_1 \sin(\omega t - \alpha_1) \\ x_2 = A_2 \sin(\omega t - \alpha_2) \\ x = x_1 - x_2 = A\sin(\omega t - \alpha) \end{cases} \tag{5-31}$$

式中 A_1——振动质体 1 的振幅；

A_2——振动质体 2 的振幅；

A——振动质体 1 和 2 的相对振幅；

α_1——振动质体 1 的位移落后激振力的相位；

α_2——振动质体 2 的位移落后激振力的相位；

α——振动质体 1 和 2 的相对位移落后激振力的相位。

解得：

$$\begin{cases} A = \dfrac{P}{\sqrt{(k_e - m_u\omega^2)^2 + (c\omega)^2}} \\ \alpha = \operatorname{atan}\dfrac{c\omega}{k_e - m_u\omega^2} \end{cases} \tag{5-32}$$

$$\begin{cases} A_1 = \dfrac{P}{m_1\omega^2}\dfrac{\sqrt{k_e^2 + (c\omega)^2}}{\sqrt{(k_e - m_u\omega^2)^2 + (c\omega)^2}} \\ \gamma_1 = \operatorname{atan}\dfrac{c\omega}{k_e} \\ \alpha_1 = \alpha - \gamma_1 \end{cases} \tag{5-33}$$

$$\begin{cases} A_2 = \dfrac{P}{m_1\omega^2}\dfrac{\sqrt{(k_e - m_1\omega^2)^2 + (c\omega)^2}}{\sqrt{(k_e - m_u\omega^2)^2 + (c\omega)^2}} \\ \gamma_2 = \operatorname{atan}\dfrac{c\omega}{k_e - m_1\omega^2} \\ \alpha_2 = \alpha - \gamma_2 \end{cases} \tag{5-34}$$

根据相对振幅表达式（5-32），给定 k、Δk、m_{u}、c、e，可以得到非线性近共振卧式振动离心机的幅频特性曲线，如图 5-16 所示。

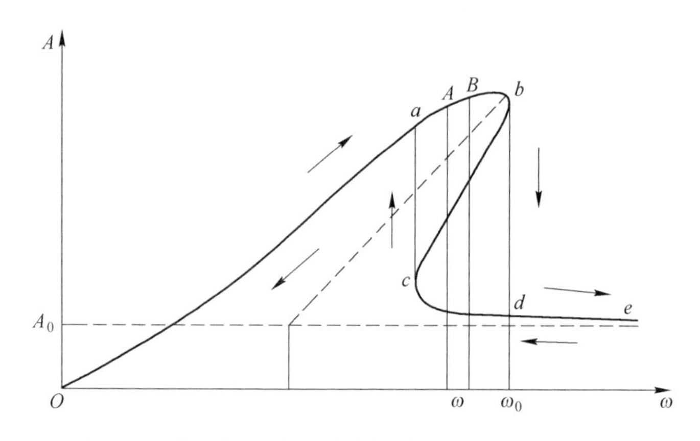

图 5-16 非线性近共振卧式振动离心机幅频特性曲线

从幅频特性曲线中可以看出：

（1）共振曲线头部向右倾斜，在低临界区域（如 AB 段）内，共振曲线较为平缓，而线性系统的共振曲线陡峭，因此非线性近共振卧式振动离心机能够获得较为稳定的振幅，工作频率较宽。

（2）当激振频率从 0 增大到固有频率时，幅值增大并沿曲线 Oab 变化，再增大频率时，幅值直线降低到 d 点并沿曲线 de 变化。当激励频率按原路减小时，幅值到 d 点后不按原路返回，而是由 d 到 c，然后直线升高到 a 点，再按曲线 aO 返回。非线性近共振卧式振动离心机工作在 AB 段，即近共振低临界状态，一般取频率比为 0.75~0.92。

第6章　弛　张　筛

我国大部分矿区的动力煤具有粉煤量大、水分高以及灰分随着粒度的减小而降低的特点，对动力煤进行深度筛分符合我国大部分矿区的实际状况。筛分出的细粒煤直接供给用户，粗粒煤则进行洗选加工。此外，大量粉煤的排出能够提高煤炭洗选的精度和稳定性，减小了煤泥水处理系统，简化了选煤工艺。因此煤炭干法深度筛分能够降低加工成本节省投资，对节能减排具有非常重要的意义。

近年来随着采煤机械化程度的提高，粉煤含量增加。煤层渗水、防尘喷水以及管理等原因导致井下原煤水分提高，可达7%以上，有些矿区原煤水分甚至高达12%~14%，造成井下原煤又湿又黏。同时由于原煤中含有黏土矿物、泥土等，粉煤互相粘连、团聚、板结，极细颗粒黏附在筛面上造成筛丝变粗、筛面堵孔等现象，给原煤深度筛分作业带来极大的困难，用普通筛分方法即使是以13mm来分级也有相当的难度。潮湿细粒煤炭及其他物料的干法深度筛分是20世纪国内筛分技术最大的难题之一，直到21世纪初弛张筛的进口才解决了这一难题。

弛张筛起源于20世纪60年代的德国，筛面由可以伸缩的聚氨酯橡胶材料制成，工作时倾斜安装的筛面交替张紧和松弛，使物料产生向前的弹跳运动，物料获得的加速度是以往的刚性筛面的近6~10倍。在主筛框钢结构振动强度为2.4g左右的情况下，使物料的抛射加速度为30g~50g，因此筛孔不堵塞，筛面不粘连，处理量大，而且对基础的动负荷小，噪声低。

目前我国市场上主要的弛张筛及其特点如表6-1所示。

表6-1　我国市场上主要的弛张筛及其特点

生产厂家	筛板安装方式	激振方式	激振频率/r·min^{-1}	筛机倾角/(°)	主动筛框振幅/mm	浮动筛框振幅/mm
荷兰天马利威尔 Liwell	压条固定式	偏心轴驱动	500~600	10~30	12	12

续表 6-1

生产厂家	筛板安装方式	激振方式	激振频率 /r·min^{-1}	筛机倾角 /(°)	主动筛框振幅/mm	浮动筛框振幅/mm
奥地利宾德 Binder	楔条固定式	偏心块驱动	700~800	22	4~7	12~18
美国伯特利 Birtley	楔条固定式	偏心块驱动	700~800	22	4~7	12~18
大地天津奥瑞 AURY	压条或楔条固定式	偏心块驱动	740~800	8~22	4~7	13~18
秦皇岛优格玛 EuroCMA	楔条固定式	偏心块组驱动	700~800	5~30	4~7	14~20

6.1 Liwell 弛张筛

6.1.1 Liwell 弛张筛结构

最早的弛张筛是 Liwell 弛张筛，如图 6-1 所示。它有两个筛框Ⅰ和Ⅱ，其中筛框Ⅱ放入筛框Ⅰ内并用橡胶弹簧支撑在机架上。两个筛框之间有吊挂板，筛框Ⅰ平行吊挂在筛框Ⅱ上，同时该吊挂板又做振动导向，使筛框Ⅰ和筛框Ⅱ做相对平行运动。每个筛框有两个侧板，侧板之间通过横梁互相连接，聚氨酯橡胶筛板固定到横梁上。

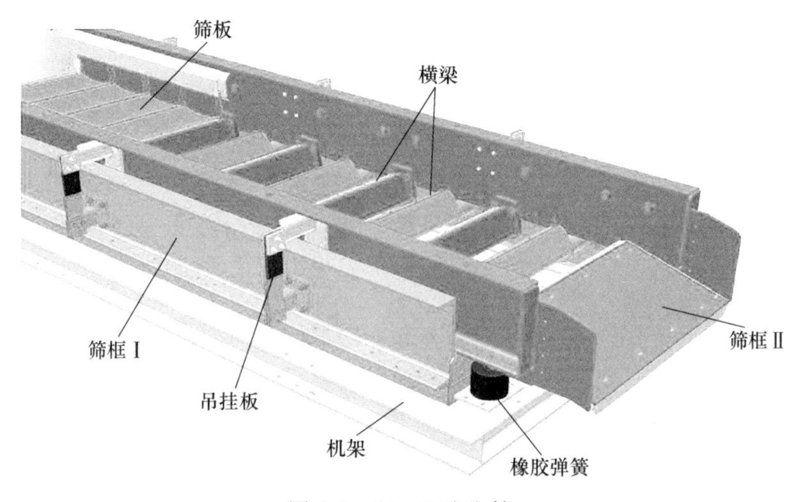

图 6-1 Liwell 弛张筛

Liwell 弛张筛是曲柄连杆机构，弛张筛的传动如图 6-2 所示。偏心轴通过轴承座安装在筛框Ⅱ上，电动机通过皮带轮驱动偏心轴旋转，偏心轴带动连杆不断的推拉筛框Ⅰ，使筛框Ⅰ和筛框Ⅱ产生交替的相向和相背运动，安装在筛框上的横梁带动筛板交替的张紧和松弛，如图 6-3 所示，筛面上的物料就会被循环的弹起、落下再弹起。

图 6-2 Liwell 弛张筛的传动

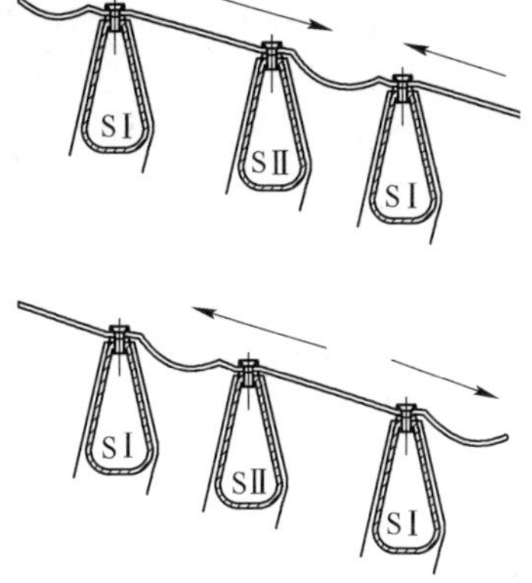

图 6-3 筛板的弛张运动

偏心轴的转速为 600r/min，则弛张筛的激励频率为：

$$\omega = \frac{\pi n}{30} = \frac{3.14 \times 600}{30} = 62.8\mathrm{s}^{-1}$$

偏心轴的偏心距为 12mm，由于两筛框的质量近似相等，筛框Ⅱ推拉筛框Ⅰ的同时筛框Ⅰ也推拉筛框Ⅱ。当筛框Ⅱ从平衡位置推筛框Ⅰ时，筛框Ⅰ和筛框Ⅱ分别向两端运动 6mm 到达极限位置，然后筛框Ⅱ从极限位置拉筛框Ⅰ，筛框Ⅰ和筛框Ⅱ分别相向运动 6mm 回到平衡位置，筛框Ⅱ在平衡位置继续拉筛框Ⅰ，筛框Ⅰ和筛框Ⅱ再分别相向运动 6mm 到达最近位置。两筛框极限位置的相对位移为 24mm，每个筛框的双振幅为 12mm，单振幅为 6mm。所以弛张筛钢结构振动强度为：

$$K = \frac{\omega^2 A}{g} = \frac{62.8^2 \times 6 \times 10^{-3}}{9.8} = 2.4$$

该振动强度很小，比普通的振动强度为 5g 的刚性振动筛近似少一半，但是橡胶筛面传递给物料的最大加速度可以达到 50g 以上。而且振动方向是沿筛框长度方向，筛机的可靠性大大提高。

6.1.2　Liwell 弛张筛筛框的运动规律

Liwell 弛张筛筛框的运动模型如图 6-4 所示。曲柄的长度为 e，连杆的长度为 l，偏心轴旋转的角速度为 ω。内筛框的质量为 m_1，外筛框的质量为 m_2，以内筛框的质心为坐标原点建立直角坐标系，则内筛框的位移为 x_1，外筛框的位移为 x_2，建立筛框运动的平衡方程：

$$\begin{cases} m_1 \ddot{x}_1 + m_2 \ddot{x}_2 + c \dot{x}_1 + kx_1 = 0 \\ x_2 - x_1 = e\cos\omega t + \sqrt{l^2 - (e\sin\omega t)^2} \end{cases} \tag{6-1}$$

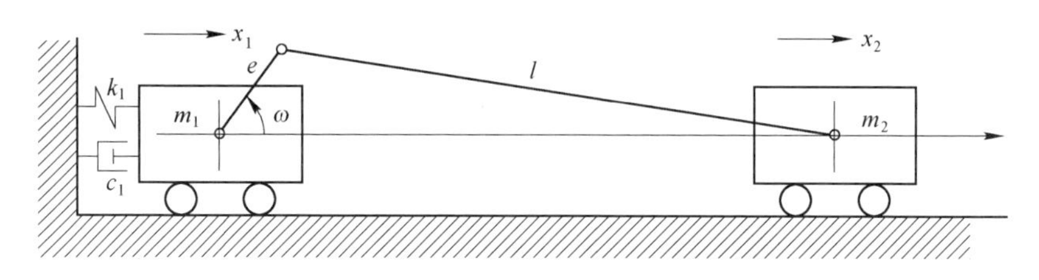

图 6-4　Liwell 弛张筛筛框运动模型

（1）忽略隔振弹簧的刚度和阻尼。

由于 $e \ll l$，有

$$\begin{cases} m_1 \ddot{x}_1 + m_2 \ddot{x}_2 = 0 \\ x_2 - x_1 = e\cos\omega t + l \end{cases} \tag{6-2}$$

设内筛框的位移为：

$$x_1 = A\cos\omega t \tag{6-3}$$

则外筛框的位移为：

$$x_2 = (A + e)\cos\omega t + l = B\cos\omega t + l \tag{6-4}$$

其中外筛框的振幅为 $B = A + e$。

将式（6-3）和式（6-4）代入式（6-2）得

$$\begin{cases} A = -\dfrac{\mu e}{1 + \mu} \\ B = \dfrac{e}{1 + \mu} \end{cases} \tag{6-5}$$

其中，$\mu = \dfrac{m_2}{m_1}$。

（2）考虑隔振弹簧的刚度和阻尼。

由于 $e \ll l$，有

$$\begin{cases} m_1 \ddot{x}_1 + m_2 \ddot{x}_2 + c \dot{x}_1 + kx_1 = 0 \\ x_2 - x_1 = e\cos\omega t + l \end{cases} \tag{6-6}$$

$$\begin{cases} \ddot{x}_1 + \mu \ddot{x}_2 + 2\xi\omega_0 \dot{x}_1 + \omega_0^2 x_1 = 0 \\ x_2 - x_1 = e\cos\omega t + l \end{cases} \tag{6-7}$$

其中，$\omega_0 = \sqrt{\dfrac{k}{m_1}}$，$\xi = \dfrac{c}{2\sqrt{k}}$。

设内筛框的位移为：

$$x_1 = A\cos(\omega t - \alpha) \tag{6-8}$$

则外筛框的位移为：

$$x_2 = A\cos(\omega t - \alpha) + e\cos\omega t + l = B\cos(\omega t - \beta) + l \tag{6-9}$$

其中外筛框的振幅为 B。

将式（6-8）和式（6-9）代入式（6-7）得

$$\begin{cases} A = \dfrac{\mu z_0^2 e}{\sqrt{(1 - z_0^2 - \mu z_0^2)^2 + (2\xi z_0)^2}} \\ \alpha = \arctan \dfrac{2\xi z_0}{1 - z_0^2 - \mu z_0^2} \end{cases} \tag{6-10}$$

$$\begin{cases} B = \sqrt{(A\cos\alpha + e)^2 + (A\sin\alpha)^2} \\ \beta = \arctan \dfrac{A\sin\alpha}{A\cos\alpha + e} \end{cases} \tag{6-11}$$

其中，$z_0 = \dfrac{\omega}{\omega_0}$。

6.1.3 Liwell 弛张筛筛面的运动规律

Liwell 弛张筛筛面运动的三段圆弧模型如图 6-5 所示。研究内外筛框的相对位移时，把一端固定，另一端由滑块驱动。研究内外筛框的绝对位移时，两端由滑块对称驱动。

弛张筛筛面的总长度为 l，梁间距为 a，筛面中部的挠度为 h。中间大

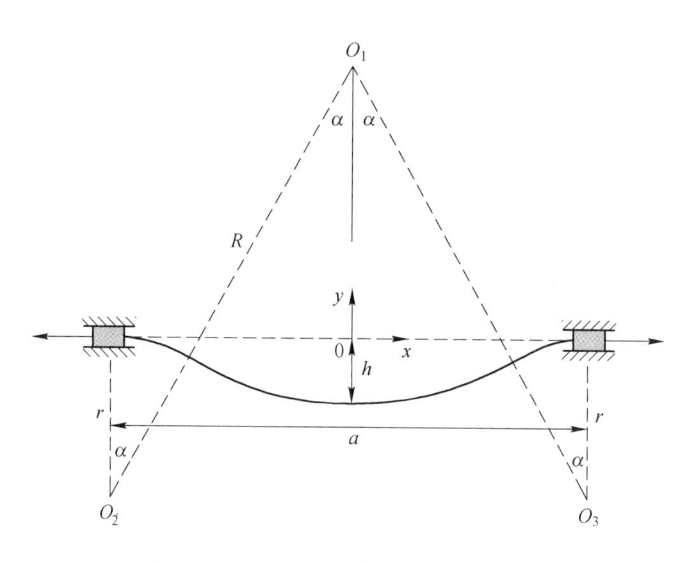

图 6-5　Liwell 弛张筛筛面运动模型

圆弧的半径为 R，两端小圆弧的半径为 r，圆心角为 α。以筛面中心点为原点，沿筛面方向为 x 轴，垂直于筛面方向为 y 轴，建立直角坐标系 xoy。建立筛面运动的几何方程：

$$\begin{cases} l = 2(R + r)\alpha \\ a = 2(R + r)\sin\alpha \\ h = (R + r)(1 - \cos\alpha) \end{cases} \tag{6-12}$$

由式（6-12）得

$$\begin{cases} \dfrac{a}{l} = \dfrac{\sin\alpha}{\alpha} \\ h = \dfrac{l}{2\alpha}(1 - \cos\alpha) \end{cases} \tag{6-13}$$

例 6-1　弛张筛筛面长度为 $l = 327\text{mm}$，梁间距为 $a = 315\text{mm}$，代入式（6-13）可求得 $\alpha = 0.4719$，筛面中部挠度为 $h = \dfrac{l}{2\alpha}(1 - \cos\alpha) = 37.86\text{mm}$。

三角函数的泰勒展开式为：

$$\sin\alpha = \alpha - \frac{\alpha^3}{3!} + \frac{\alpha^5}{5!} - \cdots + (-1)^n \frac{\alpha^{2n+1}}{(2n+1)!} \tag{6-14}$$

$$\cos\alpha = 1 - \frac{\alpha^2}{2!} + \frac{\alpha^4}{4!} - \cdots + (-1)^n \frac{\alpha^{2n}}{(2n)!} \tag{6-15}$$

$$
\begin{cases}
\sin\alpha \approx \alpha - \dfrac{\alpha^3}{3!} \\
\cos\alpha \approx 1 - \dfrac{\alpha^2}{2!}
\end{cases}
\tag{6-16}
$$

式（6-13）可写成：

$$
\begin{cases}
\dfrac{a}{l} = \dfrac{\sin\alpha}{\alpha} = 1 - \dfrac{\alpha^2}{6} \\
h = \dfrac{l}{2\alpha}(1 - \cos\alpha) = \dfrac{l\alpha}{4}
\end{cases}
\tag{6-17}
$$

由弛张筛筛面长度为 $l = 327\text{mm}$，梁间距为 $a = 315\text{mm}$，可求得 $\alpha = 0.4692$，筛面中部挠度为 $h = \dfrac{l\alpha}{4} = 38.36\text{mm}$。

与前面计算结果的相对误差为：

$$
\delta = \frac{38.36 - 37.86}{37.86} = 1.32\%
$$

误差不大，但是不用求解超越方程。

筛面中部的挠度 h 可以用筛面长度 l 和梁间距 a 表示为：

$$
h = \frac{l\alpha}{4} = \frac{\sqrt{6l(l-a)}}{4}
\tag{6-18}
$$

筛面的挠度是出厂检验的重要参数。

6.2 振动弛张筛

6.2.1 振动弛张筛结构

振动弛张筛如图 6-6 所示。振动弛张筛的外形和传统圆振动筛的外形类似，圆振动筛支撑筛面的横梁均与侧板铆接成一个整体，而振动弛张筛支撑筛面的半数横梁（1，3，5，…）与侧板铆接成主动筛框，另一半横梁（2，4，6，…）与侧板外的槽钢铆接成浮动筛框，浮动筛框与主动筛框之间弹性连接，属于双质体振动系统。

振动弛张筛主动筛框上的固定梁和浮动筛框上的浮动梁间隔布置，梁间

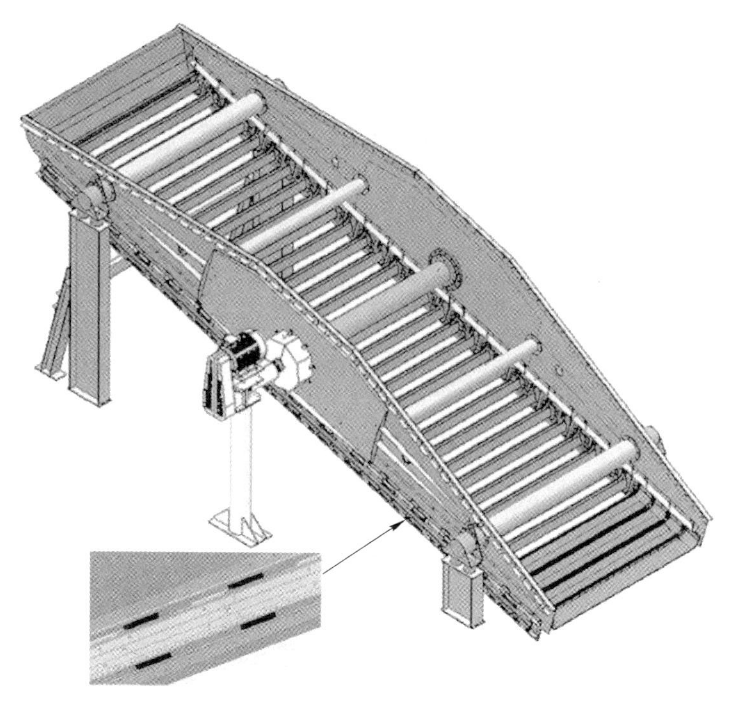

图 6-6 振动弛张筛

固定聚氨酯橡胶筛面。在弛张筛振动的过程中，主浮筛框之间产生相对运动，安装在筛框上的横梁带动橡胶筛面交替的张紧和松弛。当筛面张紧时，物料被抛起。

（1）弛张筛的主动筛框如图 6-7 所示，主要由侧板、横梁、加强梁和激振器等组成。在侧板底部每两个横梁之间都开有方形孔，每个方孔里通过一根浮动梁，在主动筛框的外部用两根槽钢边梁将所有的浮动梁连接成浮动筛框。

（2）弛张筛的浮动筛框如图 6-8 所示，主要由边梁、横梁和橡胶密封板组成。横梁穿过主动筛框底部的方孔与两边的边梁铆接，在横梁与边梁之间装有橡胶密封板，该密封板堵住侧板上的方孔，防止筛下物通过方孔撒落在弛张筛外面。

（3）如图 6-9 所示，橡胶剪切弹簧是长方体，其厚度较薄。在垂直筛面方向刚度很大，主浮筛框同步运行。在平行筛面方向主浮筛框相对运动，弹簧不断受到剪切。

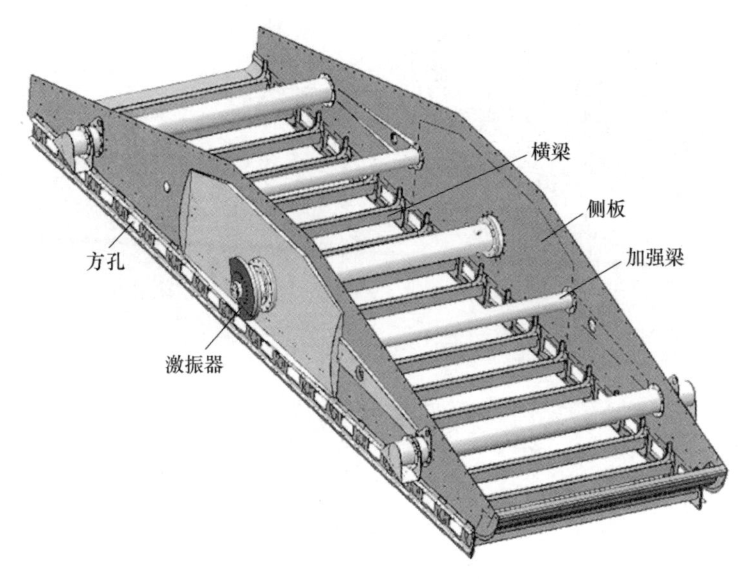

图 6-7 弛张筛主动筛框

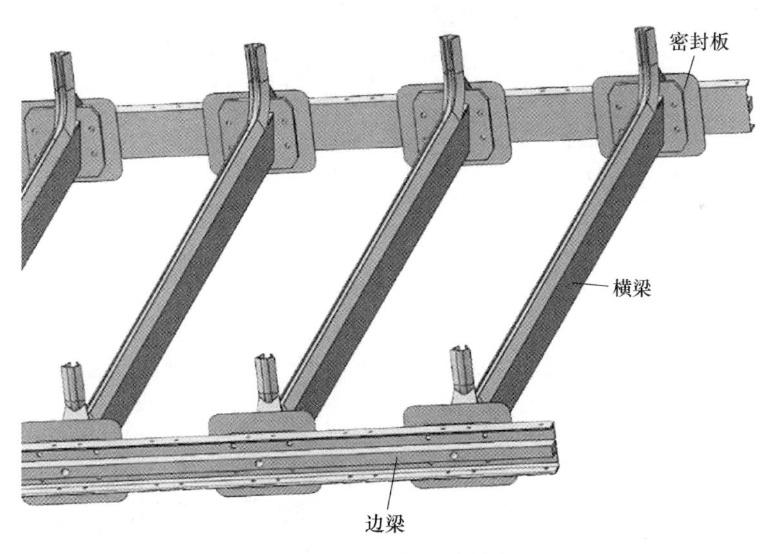

图 6-8 弛张筛浮动筛框

（4）弛张筛的偏心块如图 6-10 所示。主浮筛框的振幅和相对振幅的大小与偏心块的偏心质量矩成正比，调整偏心块间的夹角就能改变振幅的大小。偏心块夹角调小偏心距变大，振幅增大；反之偏心块夹角调大偏心距变小，振幅减小。

图 6-9　橡胶剪切弹簧

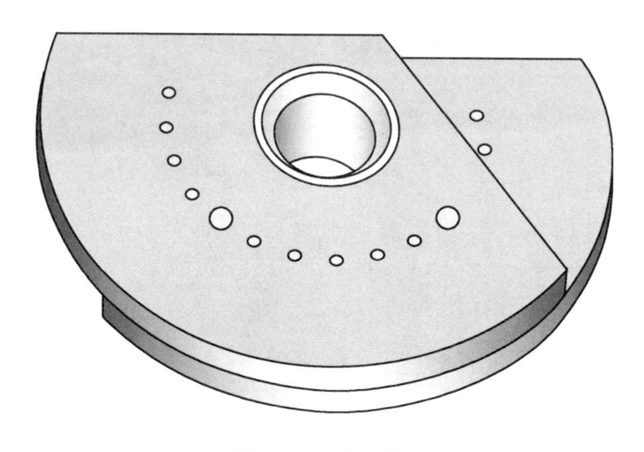

图 6-10　偏心块

Liwell 弛张筛的梁间距为 315mm，振动弛张筛的梁间距为 328mm、355mm 等。横梁把筛板分为多个独立的单元，筛面磨损或损伤时只需更换损伤的筛面，更换面积小。此外可以使用不同筛孔尺寸的筛板进行搭配，以便对筛分过程进行优化组合。

当入料量大时，振动弛张筛筛框的振幅会发生变化，而 Liwell 弛张筛筛框的振幅不受物料的影响。但是无论是哪种弛张筛，筛面都伸长，物料不会高高跳起。

由于弛张筛筛框的振动强度小，因此弛张筛运动部件所受的惯性力小，运行可靠性高且装机功率小。

6.2.2　振动弛张筛动力学

振动弛张筛的结构多样，对应的力学模型也不尽相同，因此考虑多种因素进行详细分析是非常复杂的。在保证工程指导性的前提下，研究简单的如图 6-11 所示的单层振动弛张筛的力学模型。

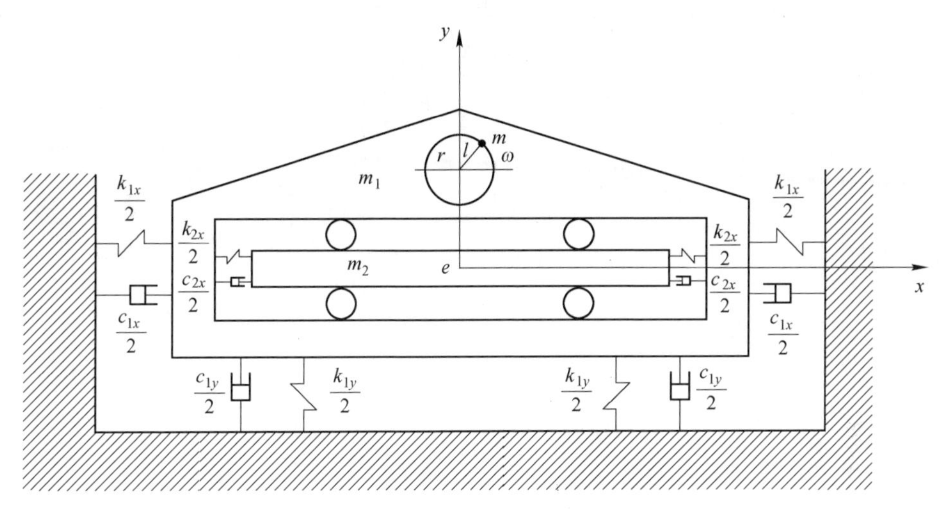

图 6-11　单层振动弛张筛力学模型

筛框前后对称，主浮筛框总质心为 e。以质心 e 为坐标原点，沿筛面方向为 x 轴，垂直筛面方向为 y 轴，建立直角坐标系 xey。激振器安装在主动筛框的质心上方距离质心 l 处，尽量靠近筛面但要留出物料的跳跃高度。偏心块质量为 m，偏心距为 r。偏心块逆时针旋转的角频率为 ω，偏心质量产生的离心力为 $F = m\omega^2 r$，则 x、y 方向上的激振力为：

$$\begin{cases} F_x = m\omega^2 r\cos\omega t \\ F_y = m\omega^2 r\sin\omega t \end{cases} \tag{6-19}$$

根据力的平移定理，将激振力 F 平移 l 使其通过总质心 e，然后再加上一个力矩，这样与原激振力对弛张筛的作用是等价的。隔振弹簧的刚度力、阻尼力和参振质量的惯性力、激振力相比很小，可以忽略不计。建立质心平动和绕质心转动的平衡方程：

$$\begin{cases} m_2\ddot{x}_2 - c_{2x}(\dot{x}_1 - \dot{x}_2) - k_{2x}(x_1 - x_2) = 0 \\ m_1\ddot{x}_1 + m_2\ddot{x}_2 = m\omega^2 r\cos\omega t \\ m_1\ddot{y}_1 + m_2\ddot{y}_2 = m\omega^2 r\sin\omega t \\ J_1\ddot{\theta}_1 + J_2\ddot{\theta}_2 = -lm\omega^2 r\cos\omega t \end{cases} \tag{6-20}$$

式中　m_1，m_2——主动筛框、浮动筛框的质量；

x_1，x_2——主动筛框、浮动筛框在 x 方向的位移；

y_1，y_2——主动筛框、浮动筛框在 y 方向的位移；

J_1，J_2——主动筛框、浮动筛框绕总质心的转动惯量；

θ_1，θ_2——主动筛框、浮动筛框绕总质心转动的角位移，逆时针方向为正。

设：

$$\begin{cases} x = x_1 - x_2 \\ y = y_1 - y_2 \\ \theta = \theta_1 - \theta_2 \end{cases} \tag{6-21}$$

式中　x——主动筛框与浮动筛框在 x 方向的相对位移；

y——主动筛框与浮动筛框在 y 方向的相对位移；

θ——主动筛框与浮动筛框的相对角位移。

考虑实际情况，主动筛框与浮动筛框在 y 方向的相对位移可以忽略，主动筛框与浮动筛框的相对角位移也可以忽略。式（6-20）可化简为：

$$\begin{cases} m_2(\ddot{x}_1 - \ddot{x}) - c_{2x}\dot{x} - k_{2x}x = 0 \\ (m_1 + m_2)\ddot{x}_1 - m_2\ddot{x} = m\omega^2 r\cos\omega t \\ (m_1 + m_2)\ddot{y}_1 = m\omega^2 r\sin\omega t \\ (J_1 + J_2)\ddot{\theta}_1 = -lm\omega^2 r\cos\omega t \end{cases} \tag{6-22}$$

式（6-22）中的第三和第四个方程是独立方程，设其解为：

$$\begin{cases} y_1 = Y\sin\omega t \\ \theta_1 = \varphi\cos\omega t \end{cases} \tag{6-23}$$

式中　Y——主动筛框和浮动筛框在 y 方向的振幅；

φ——主动筛框和浮动筛框绕总质心摆动的摆幅。

解得：

$$\begin{cases} Y = -\dfrac{mr}{m_1 + m_2} \\ \varphi = \dfrac{lmr}{J_1 + J_2} \end{cases} \tag{6-24}$$

对于式（6-22）中的第一和第二个方程，设其解为：

$$\begin{cases} x_1 = Ae^{i(\omega t-\alpha)} \\ x = Ce^{i(\omega t-\gamma)} \end{cases} \tag{6-25}$$

式中 A，α——主动筛框在 x 方向上的振幅和相位；

C，γ——主动筛框与浮动筛框在 x 方向上的相对振幅和相位。

$$\begin{cases} \dot{x}_1 = i\omega Ae^{i(\omega t-\alpha)} \\ \dot{x} = i\omega Ce^{i(\omega t-\gamma)} \end{cases} \tag{6-26}$$

$$\begin{cases} \ddot{x}_1 = -\omega^2 Ae^{i(\omega t-\alpha)} \\ \ddot{x} = -\omega^2 Ce^{i(\omega t-\gamma)} \end{cases} \tag{6-27}$$

将式（6-25）~式（6-27）代入式（6-22）得

$$\begin{cases} -m_2\omega^2 Ae^{i(\omega t-\alpha)} + m_2\omega^2 Ce^{i(\omega t-\gamma)} - c_{2x}i\omega Ce^{i(\omega t-\gamma)} - k_{2x}Ce^{i(\omega t-\gamma)} = 0 \\ -(m_1+m_2)\omega^2 Ae^{i(\omega t-\alpha)} + m_2\omega^2 Ce^{i(\omega t-\gamma)} = m\omega^2 re^{i\omega t} \end{cases} \tag{6-28}$$

$$\begin{cases} -m_2\omega^2 Ae^{-i\alpha} + (m_2\omega^2 - c_{2x}i\omega - k_{2x})Ce^{-i\gamma} = 0 \\ -(m_1+m_2)Ae^{-i\alpha} + m_2 Ce^{-i\gamma} = mr \end{cases} \tag{6-29}$$

$$\Delta = \begin{vmatrix} -m_2\omega^2 & m_2\omega^2 - c_{2x}i\omega - k_{2x} \\ -(m_1+m_2) & m_2 \end{vmatrix} \tag{6-30}$$

$$\Delta_1 = \begin{vmatrix} 0 & m_2\omega^2 - c_{2x}i\omega - k_{2x} \\ mr & m_2 \end{vmatrix} \tag{6-31}$$

$$\Delta_2 = \begin{vmatrix} -m_2\omega^2 & 0 \\ -(m_1+m_2) & mr \end{vmatrix} \tag{6-32}$$

$$\begin{cases} Ae^{-i\alpha} = \dfrac{\Delta_1}{\Delta} = -\dfrac{(m_2\omega^2 - c_{2x}i\omega - k_{2x})mr}{(m_1+m_2)(m_2\omega^2 - c_{2x}i\omega - k_{2x}) - m_2^2\omega^2} \\ Ce^{-i\gamma} = \dfrac{\Delta_2}{\Delta} = -\dfrac{m_2\omega^2 mr}{(m_1+m_2)(m_2\omega^2 - c_{2x}i\omega - k_{2x}) - m_2^2\omega^2} \end{cases} \tag{6-33}$$

$$
\begin{cases}
Ae^{-i\alpha} = \dfrac{mr}{m_1}\dfrac{(Q^2-1)-2i\xi_2 Q}{(1+\mu-Q^2)+2i(1+\mu)\xi_2 Q} \\
Ce^{-i\gamma} = \dfrac{mr}{m_1}\dfrac{Q^2}{(1+\mu-Q^2)+2i(1+\mu)\xi_2 Q}
\end{cases}
\tag{6-34}
$$

其中，$\mu=\dfrac{m_2}{m_1}$，$\omega_2=\sqrt{\dfrac{k_{2x}}{m_2}}$，$2\xi_2\omega_2=\dfrac{c_{2x}}{m_2}$，$Q=\dfrac{\omega}{\omega_2}$。

解得：

$$
\begin{cases}
A = \dfrac{mr}{m_1}\dfrac{\sqrt{(Q^2-1)^2+(2\xi_2 Q)^2}}{\sqrt{(1+\mu-Q^2)^2+[2(1+\mu)\xi_2 Q]^2}} \\
C = \dfrac{mr}{m_1}\dfrac{Q^2}{\sqrt{(1+\mu-Q^2)^2+[2(1+\mu)\xi_2 Q]^2}}
\end{cases}
\tag{6-35}
$$

$$
\begin{cases}
\alpha = \operatorname{atan}\dfrac{2\xi_2 Q}{Q^2-1} + \operatorname{atan}\dfrac{2(1+\mu)\xi_2 Q}{1+\mu-Q^2} \\
\gamma = \operatorname{atan}\dfrac{2(1+\mu)\xi_2 Q}{1+\mu-Q^2}
\end{cases}
\tag{6-36}
$$

设浮动筛框在 x 方向的位移为：

$$
x_2 = x_1 - x = Be^{i(\omega t-\beta)}
\tag{6-37}
$$

$$
Be^{i(\omega t-\beta)} = Ae^{i(\omega t-\alpha)} - Ce^{i(\omega t-\gamma)}
\tag{6-38}
$$

$$
Be^{-i\beta} = Ae^{-i\alpha} - Ce^{-i\gamma} = -\frac{mr}{m_1}\frac{1+2i\xi_2 Q}{(1+\mu-Q^2)+2i(1+\mu)\xi_2 Q}
\tag{6-39}
$$

解得：

$$
\begin{cases}
B = \dfrac{mr}{m_1}\dfrac{\sqrt{1+(2\xi_2 Q)^2}}{\sqrt{(1+\mu-Q^2)^2+[2(1+\mu)\xi_2 Q]^2}} \\
\beta = -\operatorname{atan}(2\xi_2 Q) + \operatorname{atan}\dfrac{2(1+\mu)\xi_2 Q}{1+\mu-Q^2}
\end{cases}
\tag{6-40}
$$

根据激励的正余弦特性，式（6-20）的解为：

$$\begin{cases} x_1 = A\cos(\omega t - \alpha) \\ x_2 = B\cos(\omega t - \beta) \\ x = C\cos(\omega t - \gamma) \\ y_1 = y_2 = Y\sin\omega t \\ \theta_1 = \theta_2 = \varphi\cos\omega t \end{cases} \tag{6-41}$$

$$\begin{cases} A = \dfrac{mr}{m_1} \dfrac{\sqrt{(Q^2 - 1)^2 + (2\xi_2 Q)^2}}{\sqrt{(1 + \mu - Q^2)^2 + [2(1 + \mu)\xi_2 Q]^2}} \\ B = \dfrac{mr}{m_1} \dfrac{\sqrt{1 + (2\xi_2 Q)^2}}{\sqrt{(1 + \mu - Q^2)^2 + [2(1 + \mu)\xi_2 Q]^2}} \\ C = \dfrac{mr}{m_1} \dfrac{Q^2}{\sqrt{(1 + \mu - Q^2)^2 + [2(1 + \mu)\xi_2 Q]^2}} \\ Y = -\dfrac{mr}{m_1} \dfrac{1}{1 + \mu} \\ \varphi = \dfrac{lmr}{J_1 + J_2} \end{cases} \tag{6-42}$$

$$\begin{cases} \alpha = \operatorname{atan} \dfrac{2\xi_2 Q}{Q^2 - 1} + \operatorname{atan} \dfrac{2(1 + \mu)\xi_2 Q}{1 + \mu - Q^2} \\ \beta = -\operatorname{atan}(2\xi_2 Q) + \operatorname{atan} \dfrac{2(1 + \mu)\xi_2 Q}{1 + \mu - Q^2} \\ \gamma = \operatorname{atan} \dfrac{2(1 + \mu)\xi_2 Q}{1 + \mu - Q^2} \end{cases} \tag{6-43}$$

在共振区外，剪切弹簧的阻尼 ξ_2 对振幅的影响可以忽略不计。

$$\begin{cases} x_1 = A\cos\omega t \\ x_2 = B\cos\omega t \\ x = C\cos\omega t \\ y_1 = y_2 = Y\sin\omega t \\ \theta_1 = \theta_2 = \varphi\cos\omega t \end{cases} \tag{6-44}$$

$$\begin{cases} A = \dfrac{mr}{m_1} \dfrac{Q^2 - 1}{1 + \mu - Q^2} \\ B = -\dfrac{mr}{m_1} \dfrac{1}{1 + \mu - Q^2} \\ C = \dfrac{mr}{m_1} \dfrac{Q^2}{1 + \mu - Q^2} \\ Y = -\dfrac{mr}{m_1} \dfrac{1}{1 + \mu} \\ \varphi = \dfrac{lmr}{J_1 + J_2} \end{cases} \tag{6-45}$$

由于忽略了隔振弹簧，第一阶固有频率没有出现，即上述求解方法得到的幅频特性不适合低频。为了得到适合全局的幅频特性，考虑隔振弹簧的刚度。由于阻尼在共振区对振幅的影响较大，在远共振区对振幅的影响较小，所以忽略隔振弹簧的阻尼可以简化计算过程。考虑实际情况，主动筛框与浮动筛框在 y 方向的相对位移可以忽略，主动筛框与浮动筛框的相对角位移也可以忽略。建立质心平动和绕质心转动的平衡方程：

$$\begin{cases} m_2(\ddot{x}_1 - \ddot{x}) - c_{2x}\dot{x} - k_{2x}x = 0 \\ (m_1 + m_2)\ddot{x}_1 - m_2\ddot{x} + k_{1x}x_1 = m\omega^2 r\cos\omega t \\ (m_1 + m_2)\ddot{y}_1 + k_{1y}y_1 = m\omega^2 r\sin\omega t \\ (J_1 + J_2)\ddot{\theta}_1 + k'_1\theta_1 = -lm\omega^2 r\cos\omega t \end{cases} \tag{6-46}$$

设式（6-46）的解为：

$$\begin{cases} x_1 = A\mathrm{e}^{i(\omega t - \alpha)} \\ x_2 = B\mathrm{e}^{i(\omega t - \beta)} \\ x = C\mathrm{e}^{i(\omega t - \gamma)} \\ y_1 = y_2 = Y\mathrm{e}^{i\omega t} \\ \theta_1 = \theta_2 = \varphi\mathrm{e}^{i\omega t} \end{cases} \tag{6-47}$$

式中 A ——主动筛框在 x 方向的振幅；

B ——浮动筛框在 x 方向的振幅；

C ——主动筛框与浮动筛框在 x 方向的相对振幅；

Y——主动筛框和浮动筛框在 y 方向的振幅；

φ——主动筛框和浮动筛框绕总质心摆动的摆幅。

对于式（6-46）中的第一和第二个方程：

$$\begin{cases}\dot{x}_1 = i\omega A\mathrm{e}^{i(\omega t-\alpha)} \\ \dot{x} = i\omega C\mathrm{e}^{i(\omega t-\gamma)}\end{cases} \tag{6-48}$$

$$\begin{cases}\ddot{x}_1 = -\omega^2 A\mathrm{e}^{i(\omega t-\alpha)} \\ \ddot{x} = -\omega^2 C\mathrm{e}^{i(\omega t-\gamma)}\end{cases} \tag{6-49}$$

将式（6-47）~式（6-49）代入式（6-46）得

$$\begin{cases}-m_2\omega^2 A\mathrm{e}^{i(\omega t-\alpha)} + (m_2\omega^2 - c_{2x}i\omega - k_{2x})C\mathrm{e}^{i(\omega t-\gamma)} = 0 \\ [k_{1x} - (m_1 + m_2)\omega^2]A\mathrm{e}^{i(\omega t-\alpha)} + m_2\omega^2 C\mathrm{e}^{i(\omega t-\gamma)} = m\omega^2 r\mathrm{e}^{i\omega t}\end{cases} \tag{6-50}$$

$$\begin{cases}-m_2\omega^2 A\mathrm{e}^{-i\alpha} + (m_2\omega^2 - k_{2x} - c_{2x}i\omega)C\mathrm{e}^{-i\gamma} = 0 \\ [k_{1x} - (m_1 + m_2)\omega^2]A\mathrm{e}^{-i\alpha} + m_2\omega^2 C\mathrm{e}^{-i\gamma} = m\omega^2 r\end{cases} \tag{6-51}$$

$$\Delta = \begin{vmatrix} -m_2\omega^2 & m_2\omega^2 - k_{2x} - c_{2x}i\omega \\ k_{1x} - (m_1 + m_2)\omega^2 & m_2\omega^2 \end{vmatrix} \tag{6-52}$$

$$\Delta_1 = \begin{vmatrix} 0 & m_2\omega^2 - k_{2x} - c_{2x}i\omega \\ m\omega^2 r & m_2\omega^2 \end{vmatrix} \tag{6-53}$$

$$\Delta_2 = \begin{vmatrix} -m_2\omega^2 & 0 \\ k_{1x} - (m_1 + m_2)\omega^2 & m\omega^2 r \end{vmatrix} \tag{6-54}$$

$$\begin{cases}A\mathrm{e}^{-i\alpha} = \dfrac{\Delta_1}{\Delta} = \dfrac{(m_2\omega^2 - k_{2x} - c_{2x}i\omega)m\omega^2 r}{[k_{1x} - (m_1 + m_2)\omega^2](m_2\omega^2 - k_{2x} - c_{2x}i\omega) + m_2^2\omega^4} \\ C\mathrm{e}^{-i\gamma} = \dfrac{\Delta_2}{\Delta} = \dfrac{m_2\omega^4 mr}{[k_{1x} - (m_1 + m_2)\omega^2](m_2\omega^2 - k_{2x} - c_{2x}i\omega) + m_2^2\omega^4}\end{cases} \tag{6-55}$$

$$
\begin{cases}
Ae^{-i\alpha} = -\dfrac{mr}{m_1}\dfrac{(Q^2-1-2i\xi_2 Q)Q^2}{\lambda^2-(1+\mu+\lambda^2)Q^2+Q^4+2i\xi_2 Q[\lambda^2-(1+\mu)Q^2]} \\
Ce^{-i\gamma} = -\dfrac{mr}{m_1}\dfrac{Q^4}{\lambda^2-(1+\mu+\lambda^2)Q^2+Q^4+2i\xi_2 Q[\lambda^2-(1+\mu)Q^2]}
\end{cases}
\tag{6-56}
$$

其中，$\mu = \dfrac{m_2}{m_1}$，$\omega_1 = \sqrt{\dfrac{k_{1x}}{m_1}}$，$\omega_2 = \sqrt{\dfrac{k_{2x}}{m_2}}$，$2\xi_2\omega_2 = \dfrac{c_{2x}}{m_2}$，$Q = \dfrac{\omega}{\omega_2}$，$\lambda = \dfrac{\omega_1}{\omega_2}$。

解得：

$$
\begin{cases}
A = \dfrac{mr}{m_1}\dfrac{Q^2\sqrt{(Q^2-1)^2+(2\xi_2 Q)^2}}{\sqrt{[\lambda^2-(1+\mu+\lambda^2)Q^2+Q^4]^2+(2\xi_2 Q)^2[\lambda^2-(1+\mu)Q^2]^2}} \\
C = \dfrac{mr}{m_1}\dfrac{Q^4}{\sqrt{[\lambda^2-(1+\mu+\lambda^2)Q^2+Q^4]^2+(2\xi_2 Q)^2[\lambda^2-(1+\mu)Q^2]^2}}
\end{cases}
\tag{6-57}
$$

$$
\begin{cases}
\alpha = \operatorname{atan}\dfrac{2\xi_2 Q}{Q^2-1} + \operatorname{atan}\dfrac{2\xi_2 Q[\lambda^2-(1+\mu)Q^2]}{\lambda^2-(1+\mu+\lambda^2)Q^2+Q^4} \\
\gamma = -\pi\operatorname{atan}\dfrac{2\xi_2 Q[\lambda^2-(1+\mu)Q^2]}{\lambda^2-(1+\mu+\lambda^2)Q^2+Q^4}
\end{cases}
\tag{6-58}
$$

$$
Be^{i(\omega t-\beta)} = Ae^{i(\omega t-\alpha)} - Ce^{i(\omega t-\gamma)} \tag{6-59}
$$

$$
Be^{-i\beta} = \frac{mr}{m_1}\frac{(1+2i\xi_2 Q)Q^2}{\lambda^2-(1+\mu+\lambda^2)Q^2+Q^4+2i\xi_2 Q[\lambda^2-(1+\mu)Q^2]} \tag{6-60}
$$

$$
\begin{cases}
B = \dfrac{mr}{m_1}\dfrac{Q^2\sqrt{1+(2\xi_2 Q)^2}}{\sqrt{[\lambda^2-(1+\mu+\lambda^2)Q^2+Q^4]^2+(2\xi_2 Q)^2[\lambda^2-(1+\mu)Q^2]^2}} \\
\beta = -\operatorname{atan}2\xi_2 Q + \operatorname{atan}\dfrac{2\xi_2 Q[\lambda^2-(1+\mu)Q^2]}{\lambda^2-(1+\mu+\lambda^2)Q^2+Q^4}
\end{cases}
\tag{6-61}
$$

式（6-46）中的第三和第四个方程是独立方程，解得：

$$
\begin{cases}
Y = \dfrac{m\omega^2 r}{k_{1y} - \omega^2(m_1 + m_2)} \\
\varphi = -\dfrac{lm\omega^2 r}{k_1' - \omega^2(J_1 + J_2)}
\end{cases}
\tag{6-62}
$$

根据激励的正余弦特性，式（6-46）的解为：

$$
\begin{cases}
x_1 = A\cos(\omega t - \alpha) \\
x_2 = B\cos(\omega t - \beta) \\
x = C\cos(\omega t - \gamma) \\
y_1 = y_2 = Y\sin\omega t \\
\theta_1 = \theta_2 = \varphi\cos\omega t
\end{cases}
\tag{6-63}
$$

$$
\begin{cases}
A = \dfrac{mr}{m_1}\dfrac{Q^2\sqrt{(Q^2 - 1)^2 + (2\xi_2 Q)^2}}{\sqrt{[\lambda^2 - (1 + \mu + \lambda^2)Q^2 + Q^4]^2 + (2\xi_2 Q)^2[\lambda^2 - (1 + \mu)Q^2]^2}} \\
B = \dfrac{mr}{m_1}\dfrac{Q^2\sqrt{1 + (2\xi_2 Q)^2}}{\sqrt{[\lambda^2 - (1 + \mu + \lambda^2)Q^2 + Q^4]^2 + (2\xi_2 Q)^2[\lambda^2 - (1 + \mu)Q^2]^2}} \\
C = \dfrac{mr}{m_1}\dfrac{Q^4}{\sqrt{[\lambda^2 - (1 + \mu + \lambda^2)Q^2 + Q^4]^2 + (2\xi_2 Q)^2[\lambda^2 - (1 + \mu)Q^2]^2}} \\
Y = \dfrac{m\omega^2 r}{k_{1y} - \omega^2(m_1 + m_2)} \\
\varphi = -\dfrac{lm\omega^2 r}{k_1' - \omega^2(J_1 + J_2)}
\end{cases}
\tag{6-64}
$$

$$\begin{cases} \alpha = \operatorname{atan}\dfrac{2\xi_2 Q}{Q^2 - 1} + \operatorname{atan}\dfrac{2\xi_2 Q[\lambda^2 - (1+\mu)Q^2]}{\lambda^2 - (1+\mu+\lambda^2)Q^2 + Q^4} \\ \beta = -\operatorname{atan}2\xi_2 Q + \operatorname{atan}\dfrac{2\xi_2 Q[\lambda^2 - (1+\mu)Q^2]}{\lambda^2 - (1+\mu+\lambda^2)Q^2 + Q^4} \\ \gamma = -\pi\operatorname{atan}\dfrac{2\xi_2 Q[\lambda^2 - (1+\mu)Q^2]}{\lambda^2 - (1+\mu+\lambda^2)Q^2 + Q^4} \end{cases} \tag{6-65}$$

如果既考虑隔振弹簧的刚度又考虑隔振弹簧的阻尼，计算过程非常复杂。只研究主动筛框在 x 方向的位移和主浮筛框在 x 方向的相对位移的复数解。建立质心平动的平衡方程：

$$\begin{cases} m_2(\ddot{x}_1 - \ddot{x}) - c_{2x}\dot{x} - k_{2x}x = 0 \\ (m_1 + m_2)\ddot{x}_1 - m_2\ddot{x} + k_{1x}x_1 + c_{1x}\dot{x}_1 = m\omega^2 r\cos\omega t \end{cases} \tag{6-66}$$

式中 m_1，m_2——主动筛框、浮动筛框的质量；

x_1——主动筛框在 x 方向的位移；

x——主动筛框与浮动筛框在 x 方向的相对位移；

k_{1x}——隔振弹簧在 x 方向的刚度系数；

k_{2x}——剪切弹簧在 x 方向的刚度系数；

c_{1x}——隔振弹簧在 x 方向的阻尼系数；

c_{2x}——剪切弹簧在 x 方向的阻尼系数。

设其解为：

$$\begin{cases} x_1 = A\mathrm{e}^{i(\omega t - \alpha)} \\ x = C\mathrm{e}^{i(\omega t - \gamma)} \end{cases} \tag{6-67}$$

式中 A，α——主动筛框在 x 方向的振幅和相位；

C，γ——主动筛框与浮动筛框在 x 方向的相对振幅和相位。

$$\begin{cases} \dot{x}_1 = i\omega A\mathrm{e}^{i(\omega t - \alpha)} \\ \dot{x} = i\omega C\mathrm{e}^{i(\omega t - \gamma)} \end{cases} \tag{6-68}$$

$$\begin{cases} \ddot{x}_1 = -\omega^2 A\mathrm{e}^{i(\omega t - \alpha)} \\ \ddot{x} = -\omega^2 C\mathrm{e}^{i(\omega t - \gamma)} \end{cases} \tag{6-69}$$

将式（6-67）~式（6-69）代入式（6-66）得

$$\begin{cases} -m_2\omega^2 A\mathrm{e}^{-i\alpha} + (m_2\omega^2 - k_{2x} - c_{2x}i\omega)C\mathrm{e}^{-i\gamma} = 0 \\ [k_{1x} - (m_1 + m_2)\omega^2 + c_{1x}i\omega]A\mathrm{e}^{-i\alpha} + m_2\omega^2 C\mathrm{e}^{-i\gamma} = m\omega^2 r \end{cases} \tag{6-70}$$

$$\begin{cases} -Q^2 A\mathrm{e}^{-i\alpha} + (Q^2 - 1 - 2\xi_2 Qi) C\mathrm{e}^{-i\gamma} = 0 \\ [\lambda^2 - (1+\mu) Q^2 + 2\xi_1 \lambda Qi] A\mathrm{e}^{-i\alpha} + \mu Q^2 C\mathrm{e}^{-i\gamma} = \dfrac{mr}{m_1} Q^2 \end{cases} \tag{6-71}$$

其中，$\mu = \dfrac{m_2}{m_1}$，$\omega_1 = \sqrt{\dfrac{k_{1x}}{m_1}}$，$\omega_2 = \sqrt{\dfrac{k_{2x}}{m_2}}$，$2\xi_1\omega_1 = \dfrac{c_{1x}}{m_1}$，$2\xi_2\omega_2 = \dfrac{c_{2x}}{m_2}$，$Q = \dfrac{\omega}{\omega_2}$，$\lambda = \dfrac{\omega_1}{\omega_2}$。

$$\Delta = -\mu Q^4 - \{[\lambda^2 - (1+\mu)Q^2](Q^2 - 1) + 4\lambda\xi_1\xi_2 Q^2 + 2\lambda\xi_1 Q(Q^2 - 1)i - [\lambda^2 - (1+\mu)Q^2] 2\xi_2 Qi\}$$

$$\Delta_1 = -\frac{mr}{m_1}[Q^2(Q^2 - 1) - 2Q^3\xi_2 i]$$

$$\Delta_2 = -\frac{mr}{m_1} Q^4$$

$$\begin{cases} A\mathrm{e}^{-i\alpha} = \dfrac{mr}{m_1} \dfrac{Q^2(Q^2 - 1) - 2\xi_2 Q^3 i}{[\lambda^2 - (1+\mu)Q^2](Q^2 - 1) + 4\lambda\xi_1\xi_2 Q^2 + \mu Q^4 + 2\lambda\xi_1 Q(Q^2 - 1)i - 2\xi_2 Q[\lambda^2 - (1+\mu)Q^2]i} \\ C\mathrm{e}^{-i\gamma} = \dfrac{mr}{m_1} \dfrac{Q^4}{[\lambda^2 - (1+\mu)Q^2](Q^2 - 1) + 4\lambda\xi_1\xi_2 Q^2 + \mu Q^4 + 2\lambda\xi_1 Q(Q^2 - 1)i - 2\xi_2 Q[\lambda^2 - (1+\mu)Q^2]i} \end{cases} \tag{6-72}$$

当 $\xi_1 = 0$ 时：

$$\begin{cases} A\mathrm{e}^{-i\alpha} = \dfrac{mr}{m_1} \dfrac{Q^2(Q^2 - 1) - 2\xi_2 Q^3 i}{(1 + \mu + \lambda^2) Q^2 - \lambda^2 - Q^4 - 2\xi_2 Q[\lambda^2 - (1+\mu)Q^2] i} \\ C\mathrm{e}^{-i\gamma} = \dfrac{mr}{m_1} \dfrac{Q^4}{(1 + \mu + \lambda^2) Q^2 - \lambda^2 - Q^4 - 2\xi_2 Q[\lambda^2 - (1+\mu)Q^2] i} \end{cases} \tag{6-73}$$

当 $\lambda = 0$、$\xi_1 = 0$ 时：

$$\begin{cases} A\mathrm{e}^{-i\alpha} = \dfrac{mr}{m_1} \dfrac{(Q^2 - 1) - 2\xi_2 Qi}{(1+\mu) - Q^2 + 2\xi_2(1+\mu)Qi} \\ C\mathrm{e}^{-i\gamma} = \dfrac{mr}{m_1} \dfrac{Q^2}{(1+\mu) - Q^2 + 2\xi_2(1+\mu)Qi} \end{cases} \tag{6-74}$$

当 $\lambda = 0$、$\xi_1 = 0$、$\xi_2 = 0$ 时：

$$
\begin{cases}
Ae^{-i\alpha} = \dfrac{mr}{m_1}\dfrac{Q^2 - 1}{1 + \mu - Q^2} \\
Ce^{-i\gamma} = \dfrac{mr}{m_1}\dfrac{Q^2}{1 + \mu - Q^2}
\end{cases}
\tag{6-75}
$$

此时浮动筛框在 x 方向的位移为：

$$
Be^{-i\beta} = -\frac{mr}{m_1}\frac{1}{1 + \mu - Q^2}
\tag{6-76}
$$

如果工况点在近反共振区：

$$
\begin{cases}
A = \dfrac{mr}{m_1}\dfrac{1 - Q^2}{1 + \mu - Q^2} \\
B = \dfrac{mr}{m_1}\dfrac{1}{1 + \mu - Q^2} \\
C = \dfrac{mr}{m_1}\dfrac{Q^2}{1 + \mu - Q^2}
\end{cases}
\tag{6-77}
$$

$$
\begin{cases}
\alpha = \pi \\
\beta = \pi \\
\gamma = 0
\end{cases}
\tag{6-78}
$$

实际上无论是隔振弹簧还是剪切弹簧，橡胶的阻尼总是存在的。弹簧的刚度由橡胶的硬度保证，调整橡胶配方来满足硬度从而得到所需的刚度。

当弛张筛的振幅偏大需要调小时，增加主浮筛框之间的剪切弹簧的数量来增大剪切弹簧的刚度，系统的第二阶固有频率变大，振幅减小。反之当弛张筛的振幅偏小需要调大时，减少主浮筛框之间的剪切弹簧的数量来减小剪切弹簧的刚度，系统的第二阶固有频率变小，振幅增大。

但是剪切弹簧的数量影响弛张筛运行的稳定性，尤其不能随意的减少。当通过增减剪切弹簧的数量来调节振幅不能满足要求时，就要通过调整偏心块的夹角来调节振幅。偏心块夹角调小，偏心质量矩增大，振幅增大。反之偏心块夹角调大，偏心质量矩减小，振幅减小。

如图 6-12 所示，当忽略隔振弹簧的刚度及阻尼，即 $k_{1x} = 0$、$\xi_1 = 0$ 时，振动系统中不存在主浮筛框的一阶固有频率，即忽略隔振弹簧特性的幅频响应不适合低频情况。

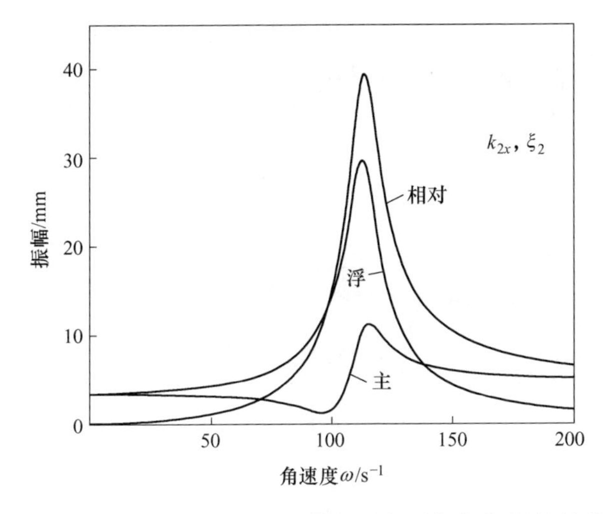

图 6-12 $k_{1x}=0$、$\xi_1=0$ 时主浮筛框及相对振幅幅频特性曲线　　图 6-12 彩图

如图 6-13 所示，当忽略隔振弹簧的刚度、阻尼及剪切弹簧的阻尼时，主筛框振幅在反共振点频率的振幅为 0，此时，主筛框不振动，实际上由于剪切弹簧阻尼的存在，主筛框在反共振点振幅不为 0，可见，剪切弹簧的阻尼 ξ_2 对反共振点附近频率区间影响不能忽略；在此，在二阶共振区间，阻尼 ξ_2 对系统的响应影响也较大。

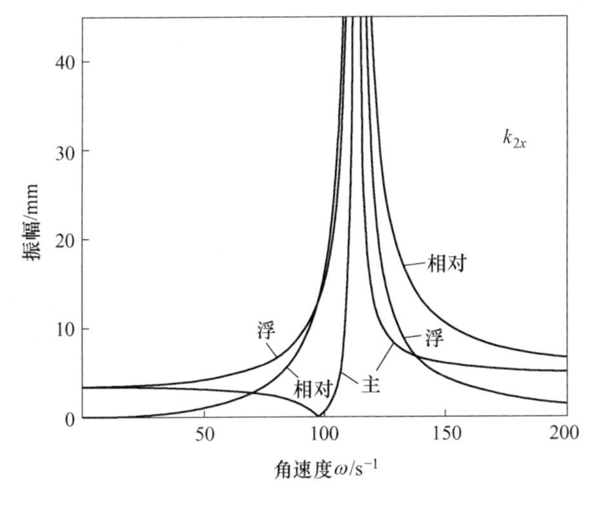

图 6-13 $k_{1x}=0$、$\xi_1=0$、$\xi_2=0$ 时主浮筛框及相对振幅幅频特性曲线　　图 6-13 彩图

对比图 6-14 和图 6-15 中一阶固有频率的振幅可以看出，当忽略隔振弹

簧的阻尼时隔振弹簧的阻尼对一阶共振区振幅的影响较大，同样的，在研究一阶固有频率区域时，不能忽略隔振弹簧的阻尼特性。

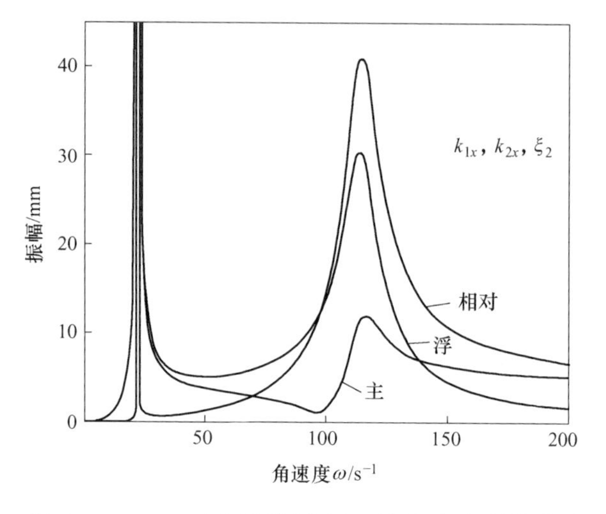

图 6-14　$\xi_1=0$ 时主浮筛框及相对振幅幅频特性曲线

图 6-14 彩图

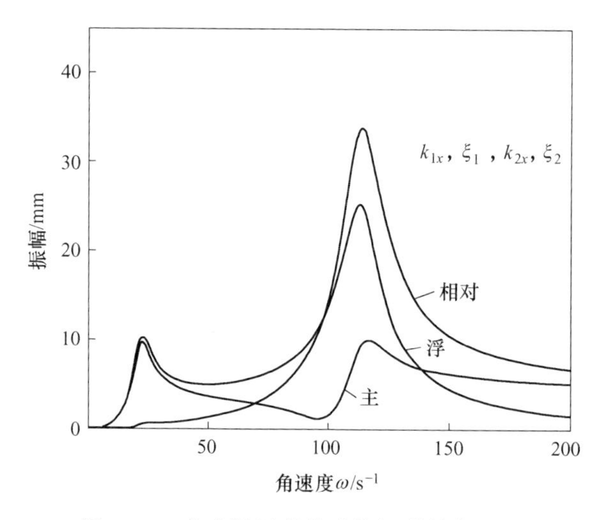

图 6-15　考虑隔振弹簧及剪切弹簧特性的主浮筛框及相对振幅幅频特性曲线

图 6-15 彩图

可见，隔振弹簧的刚度和阻尼特性主要影响振动系统一阶共振区间的频率及振幅，剪切弹簧特性主要影响振动系统反共振区附近及二阶共振区间的频率及振幅。

我们知道，振动弛张筛工作频率位于反共振点左侧频率区间，由于离开了反共振区，在满足工程实际的前提下，可以近似认为其振幅不受剪切弹簧阻尼的影响。此外，其工况点也同样远离一阶共振区，此时隔振弹簧的刚度力，阻尼力与参振质量的惯性力及激振力相比很小，可以忽略不计，所以，在研究弛张筛工况点振幅时，忽略隔振弹簧的刚度和阻尼同样是合理的，可以得到振动弛张筛质心处振幅的简化计算公式：

$$\begin{cases} A = \dfrac{mr}{m_1} \dfrac{Q^2 - 1}{1 + \mu - Q^2} \\ B = -\dfrac{mr}{m_1} \dfrac{1}{1 + \mu - Q^2} \\ A - B = \dfrac{mr}{m_1} \dfrac{Q^2}{1 + \mu - Q^2} \end{cases} \tag{6-79}$$

第 7 章　卧式刮刀离心机

由振动离心机的理论可知，离心脱水与振动卸料是一对矛盾，离心因数大有利于物料脱水，但却阻碍着振动卸料。随着离心因数的增大，振动强度必须增大以克服离心力的阻碍。一般地，末煤脱水的离心因数为 $70g$（g 为重力加速度）左右，卸料的振动强度为 $5g \sim 7g$。

机械设备的振动强度不能过高，否则设备的循环应力过大，可靠性就会变差。例如，煤泥粒度细、黏度大，不易脱水，离心因数很大。一般地，煤泥离心机的离心因数为 $300g$ 左右，此时如果采用振动卸料，理论振动强度为 $20g \sim 30g$，这样高的振动强度设备根本不能承受，因此只能采用其他卸料方式。筛篮内部螺旋强制排料是一种常用的排料方式，称为刮刀卸料。

7.1　卧式刮刀离心机结构

卧式刮刀离心机如图 7-1 所示。从外形上看，卧式刮刀离心机与卧式振动离心机大体相似，局部有所不同，两种机型的相似和区别主要有：

（1）都有大小皮带轮、三角带传动和皮带防护罩。但卧式刮刀离心机电机功率大，1m 的卧式刮刀离心机的电机功率为 75kW，1.4m 的卧式振动离心机的电机功率为 45kW。

（2）都有方体。但卧式刮刀离心机的方体外侧没有振动电机，而卧式振动离心机有两台振动电机安装在方体的两侧。

（3）都有水仓体、门板和入料管。但卧式刮刀离心机的离心液出口是方形的，离心液从侧面流出；卧式振动离心机的离心液出口是圆形的，离心液向下流出。卧式刮刀离心机的出料口是直立的，有利于黏性煤泥卸料；卧式振动离心机的出料口有倾斜角度的收口。

（4）卧式刮刀离心机的隔振弹簧为圆柱形，数量多、硬度低；卧式振动

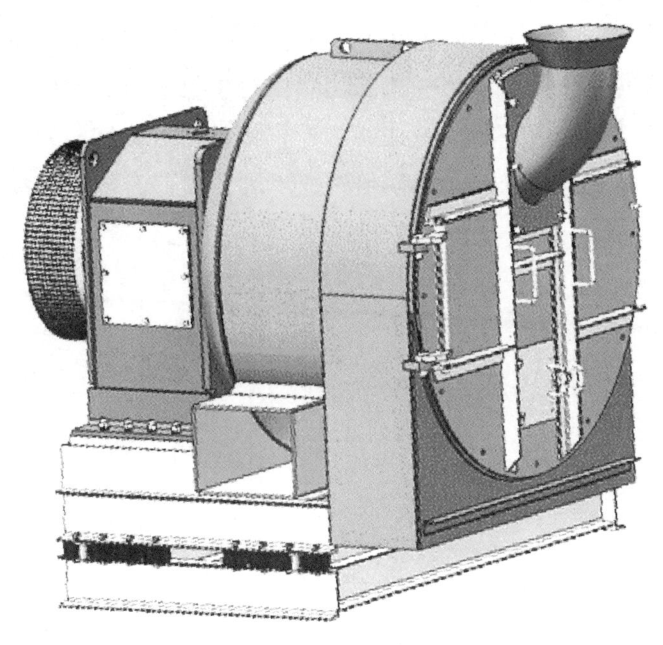

图 7-1 卧式刮刀离心机

离心机的隔振弹簧为立方体形，数量少、硬度高。

卧式刮刀离心机的结构如图 7-2 所示，主要由隔振弹簧、皮带轮、皮带罩、差速器、箱体、筛篮、刮刀、离心液出口和入料管等组成。

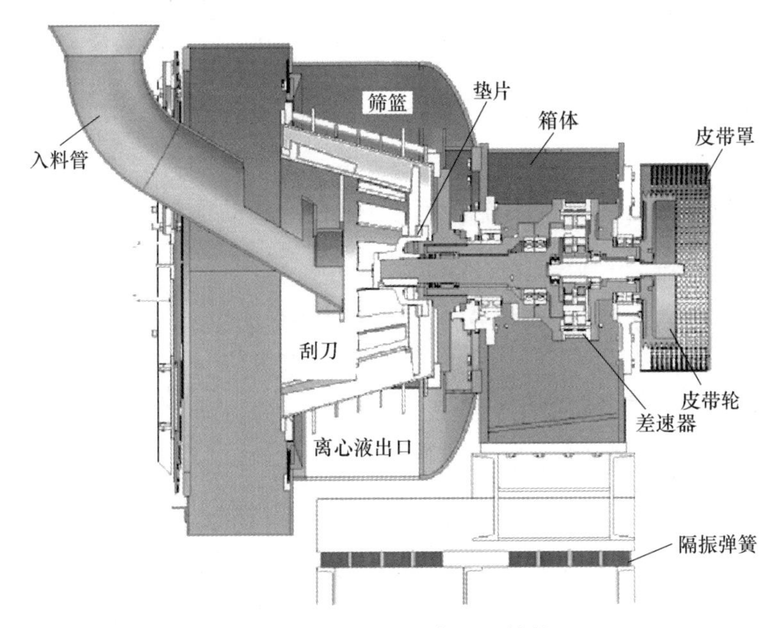

图 7-2 卧式刮刀离心机结构

卧式刮刀离心机的原理如图 7-3 所示，差速器的输入轴固定不动，大皮带轮、差速器的外壳和筛篮为一体结构。主电动机旋转，通过小皮带轮、三角带和大皮带轮减速后，驱动差速器的外壳带动筛篮旋转。差速器的输出轴与刮刀相连，刮刀与筛篮转向相同但转速不等，刮刀的转速较快一些。

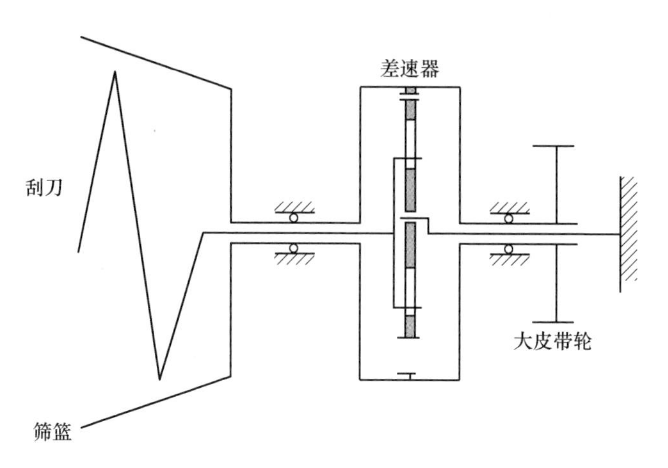

图 7-3　卧式刮刀离心机原理

一定浓度的煤泥水通过入料管流入刮刀小端，刮刀的高速旋转使煤泥水在离心力的作用下透过刮刀圆周的若干方形孔被送入刮刀外面的筛篮小端。筛篮的高速旋转使煤泥中的水透过筛篮缝隙被甩出，甩出筛篮的水在水仓体汇集后通过离心液出口排出。而脱水后的煤泥留在筛篮和刮刀中间，筛篮和刮刀之间存在速度差，从而将煤泥推出筛篮，通过排料口排出。

卧式刮刀离心机的刮刀就像电风扇的扇叶，方形的离心液出口有很强的风排出，所以与离心液出口相连的管路一般是开放的。

7.2　拍　　振

当两个频率相近的简谐振动合成时，合成后的振动称为拍振。

例如，如果两个振动为：

$$\begin{cases} x_1(t) = X\cos\omega t \\ x_2(t) = X\cos(\omega + \delta)t \end{cases} \tag{7-1}$$

其中，δ 是一个小量，则这两个振动的合成为：

$$x(t) = x_1(t) + x_2(t) = X[\cos\omega t + \cos(\omega + \delta)t] \tag{7-2}$$

由三角关系

$$\cos A + \cos B = 2\cos\left(\frac{A+B}{2}\right)\cos\left(\frac{A-B}{2}\right) \tag{7-3}$$

式（7-2）可写成：

$$x(t) = 2X\cos\frac{\delta t}{2}\cos\left(\omega + \frac{\delta}{2}\right)t \tag{7-4}$$

由式（7-4）得到如图 7-4 所示的拍振图。

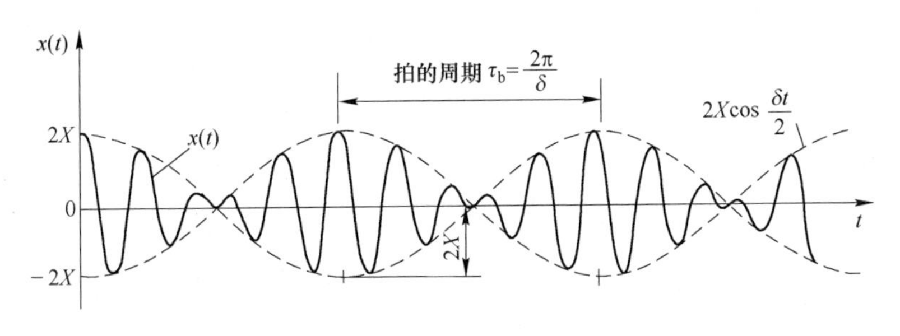

图 7-4　拍振图

从拍振图中可以看出，合成的振动 $x(t)$ 描述了一个频率为 $\omega + \frac{\delta}{2}$（近似等于 ω）的余弦波，但振幅随时间按 $2X\cos\frac{\delta t}{2}$ 变化。这种现象称为拍振。振幅在 0 和 $2X$ 之间增强和减弱时的频率 δ 称为拍频。

尽管卧式刮刀离心机没有激振器，理论上是不振动的，但是由于制造误差，旋转的筛篮和刮刀不可能完全动平衡，一定会产生动不平衡振动。筛篮和刮刀的质量分布实际上是偏心的，就像两个不同频率的偏心质量激振器一样，激励离心机振动。

如图 7-5 所示，外圆代表筛篮，内圆代表刮刀，两圆都逆时针旋转，这两个不平衡质量的旋转会引起机体做圆周运动，在 x 轴和 y 轴上的位移分别为：

$$\begin{cases} x_1 = A_1\cos\omega_1 t \\ y_1 = A_1\sin\omega_1 t \end{cases} \tag{7-5}$$

$$\begin{cases} x_2 = A_2\cos\omega_2 t \\ y_2 = A_2\sin\omega_2 t \end{cases} \tag{7-6}$$

式中 A_1——筛篮的旋转引起的机体振幅；

A_2——刮刀的旋转引起的机体振幅；

ω_1——筛篮旋转的角频率；

ω_2——刮刀旋转的角频率。

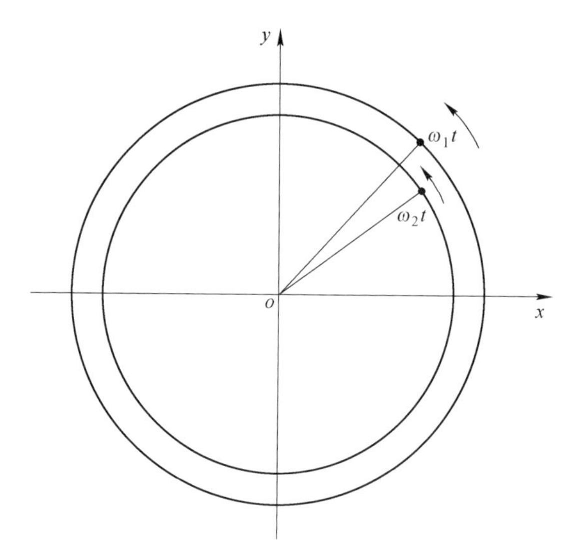

图 7-5 卧式刮刀离心机动不平衡示意图

x 轴的合成振动为：

$$\begin{aligned} x &= x_1 + x_2 \\ &= A_1\cos\omega_1 t + A_2\cos\omega_2 t \\ &= \frac{A_1 + A_2}{2}\cos\omega_1 t + \frac{A_1 + A_2}{2}\cos\omega_2 t + \frac{A_1 - A_2}{2}\cos\omega_1 t - \frac{A_1 - A_2}{2}\cos\omega_2 t \\ &= \frac{A_1 + A_2}{2}(\cos\omega_1 t + \cos\omega_2 t) + \frac{A_1 - A_2}{2}(\cos\omega_1 t - \cos\omega_2 t) \\ &= (A_1 + A_2)\cos\frac{\omega_1 - \omega_2}{2}t\cos\frac{\omega_1 + \omega_2}{2}t - (A_1 - A_2)\sin\frac{\omega_1 - \omega_2}{2}t\sin\frac{\omega_1 + \omega_2}{2}t \end{aligned}$$

y 轴的合成振动为：

$$y = y_1 + y_2$$

$$= A_1\sin\omega_1 t + A_2\sin\omega_2 t$$

$$= \frac{A_1 + A_2}{2}\sin\omega_1 t + \frac{A_1 + A_2}{2}\sin\omega_2 t + \frac{A_1 - A_2}{2}\sin\omega_1 t - \frac{A_1 - A_2}{2}\sin\omega_2 t$$

$$= \frac{A_1 + A_2}{2}(\sin\omega_1 t + \sin\omega_2 t) + \frac{A_1 - A_2}{2}(\sin\omega_1 t - \sin\omega_2 t)$$

$$= (A_1 + A_2)\cos\frac{\omega_1 - \omega_2}{2}t\sin\frac{\omega_1 + \omega_2}{2}t + (A_1 - A_2)\sin\frac{\omega_1 - \omega_2}{2}t\cos\frac{\omega_1 + \omega_2}{2}t$$

H1000 型卧式刮刀离心机的差速比为：

$$i = \frac{n_1 - n_3}{n_2 - n_3} = -59 \tag{7-7}$$

式中 n_1——差速器输入轴的转速；

n_2——差速器输出轴的转速；

n_3——差速器壳体的转速。

实际工作中，离心机差速器的输入轴被固定在机架上，$n_1 = 0$。差速器壳体的转速为 $n_3 = 700\text{r/min}$，筛篮与差速器的外壳以及大皮带轮相连，则筛篮旋转的角频率为 $\omega_1 = \frac{\pi n_3}{30} = 73.27\text{rad/s}$。根据离心机的差速比得到差速器输出轴的转速为 $n_2 = \frac{i-1}{i}n_3 = 711.86\text{r/min}$，刮刀与差速器的输出轴相连，则刮刀旋转的角频率为 $\omega_2 = \frac{\pi n_2}{30} = 74.51\text{rad/s}$。设筛篮的旋转引起的机体振幅为 $A_1 = 12\text{mm}$，刮刀的旋转引起的机体振幅为 $A_2 = 10\text{mm}$。根据在 x 轴的合成振动得到的两个拍振曲线如图 7-6 所示，根据在 y 轴的合成振动得到的两个拍振曲线如图 7-7 所示。

由图 7-6 和图 7-7 可以看出，一个大幅拍（$A_1 + A_2$），一个小幅拍（$A_1 - A_2$）。大幅拍的 0 幅值对应小幅拍的最大幅值（$A_1 - A_2$），大幅拍的最大幅值（$A_1 + A_2$）对应小幅拍的 0 幅值，因此合成振动的最小幅值为（$A_1 - A_2$），最大幅值为（$A_1 + A_2$）。这与传统的振幅在 0 到最大幅值之间变化的拍振有所不同，称这种振幅在非零到最大幅值之间变化的振动叫欠拍振。当两个振幅相等即 $A_1 = A_2$ 时，欠拍振就是拍振。当有一个振幅为 0 时，欠拍振就成了平稳振动。合成振动的周期不变，质心在 x 轴合成的欠拍振如图 7-8 所示，

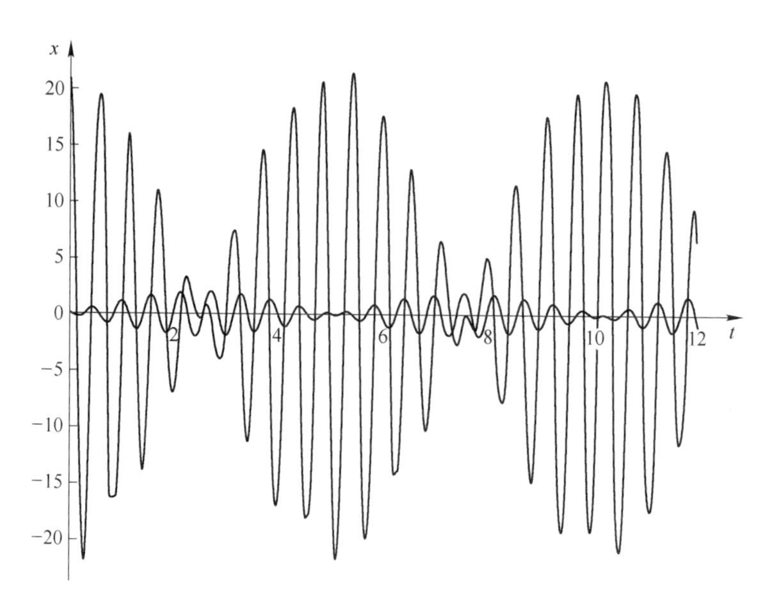

图 7-6　x 方向的双拍振

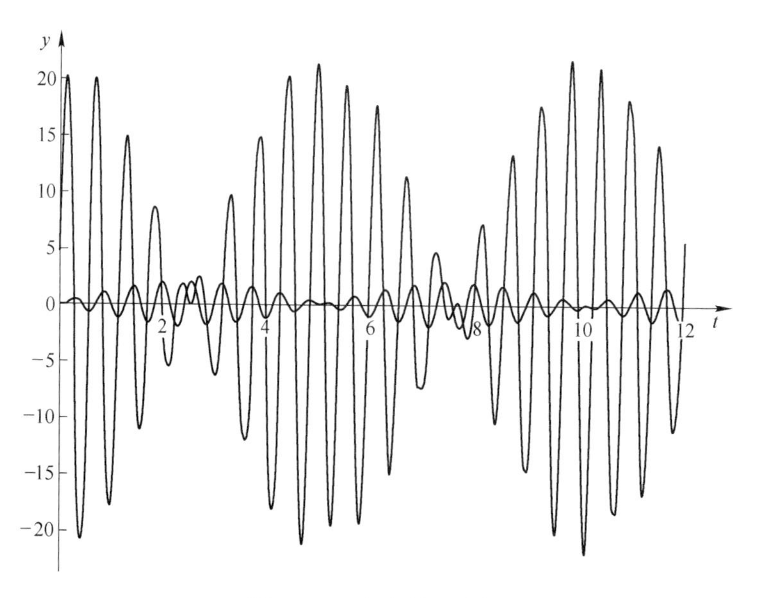

图 7-7　y 方向的双拍振

质心在 y 轴合成的欠拍振如图 7-9 所示。

将 x 方向和 y 方向的振动合成得到如图 7-10 所示的卧式刮刀离心机质心处的轨迹。

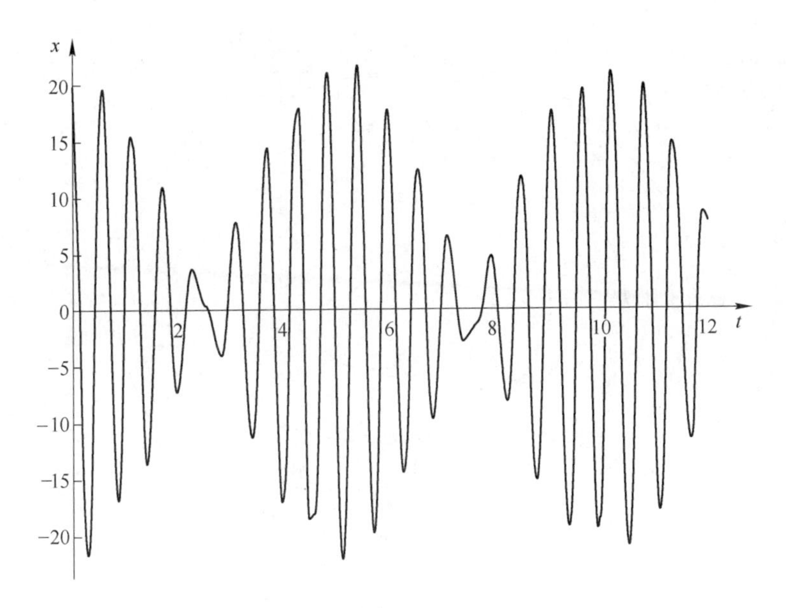

图 7-8 x 方向合成的欠拍振

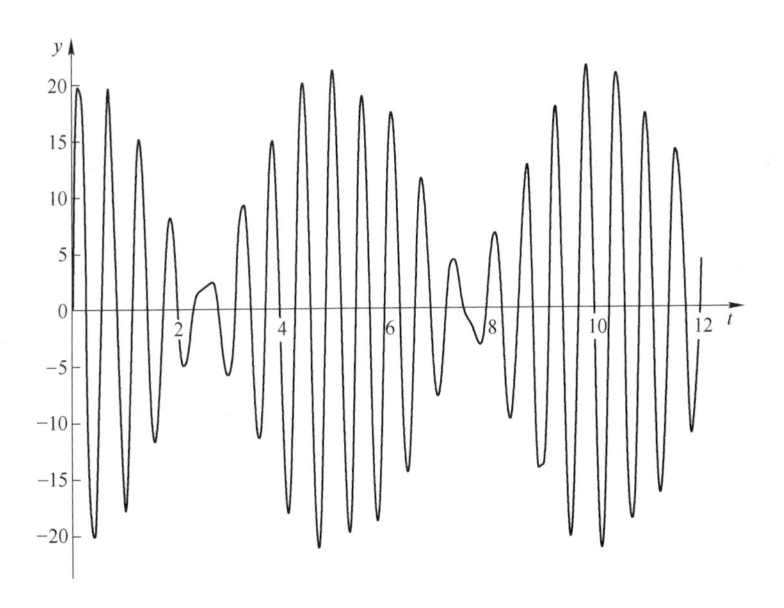

图 7-9 y 方向合成的欠拍振

拍振使离心机上下左右摇晃，容易使机体的焊接处和薄弱环节产生裂纹，所以筛篮和刮刀的动平衡是非常重要的。只有筛篮和刮刀的动平衡都合格，才能保证整机的振动符合要求。

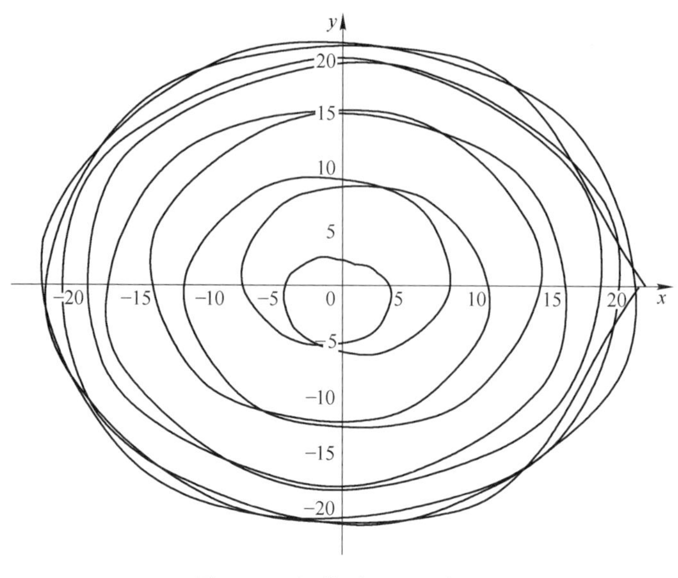

图 7-10 机体质心处的轨迹

7.3 起停车的共振

在简谐激振力作用下弹簧-质量系统的总响应为：

$$x = e^{-\xi\omega_0 t}[c_1\cos(\sqrt{1-\xi^2}\omega_0 t) + c_2\sin(\sqrt{1-\xi^2}\omega_0 t)] + A\sin(\omega t - \varphi) \tag{7-8}$$

系统的总响应包括两部分：瞬态振动和稳态振动。在有阻尼的情况下，瞬态振动随着时间的推移逐渐衰减为 0。由式（7-8）可知，衰减速度取决于固有频率和阻尼比。固有频率较低、阻尼比较小时，衰减速度慢，衰减时间长。

在忽略阻尼的情况下，式（7-8）为：

$$x = c_1\cos\omega_0 t + c_2\sin\omega_0 t + A\sin\omega t \tag{7-9}$$

式中 c_1，c_2——待定系数，由初始条件确定。

$$A = \frac{\sum mr}{M}\frac{\omega^2}{\omega_0^2 - \omega^2} \tag{7-10}$$

当初始位移和初始速度都为 0 时，

$$\begin{cases} c_1 = 0 \\ \omega_0 c_2 + \omega A = 0 \end{cases}$$

解得：

$$c_2 = -A\frac{\omega}{\omega_0}$$

$$x = -A\frac{\omega}{\omega_0}\sin\omega_0 t + A\sin\omega t$$

$$= A\left(\sin\omega t - \frac{\omega}{\omega_0}\sin\omega_0 t\right) \tag{7-11}$$

当激励频率接近且略小于固有频率即 $\omega_0 - \omega = 2\varepsilon$ 时，

$$x = -\frac{A}{\omega_0}(\omega\sin\omega_0 t - \omega_0\sin\omega t)$$

$$= -\frac{A}{\omega_0}\left[\frac{\omega_0+\omega}{2}(\sin\omega_0 t - \sin\omega t) - \frac{\omega_0-\omega}{2}(\sin\omega_0 t + \sin\omega t)\right]$$

$$= -\frac{A}{\omega_0}\left[(\omega_0+\omega)\sin\varepsilon t\cos\frac{\omega_0+\omega}{2}t - 2\varepsilon\cos\varepsilon t\sin\frac{\omega_0+\omega}{2}t\right]$$

$$\approx -\frac{(\omega_0+\omega)A}{\omega_0}\sin\varepsilon t\cos\omega_0 t$$

$$\approx -\frac{\sum mr}{M}\frac{\omega^2}{2\varepsilon\omega_0}\sin\varepsilon t\cos\omega_0 t \tag{7-12}$$

这是振动频率为固有频率的余弦振动，其振幅为 $\left|\frac{\sum mr}{M}\frac{\omega^2}{2\varepsilon\omega_0}\sin\varepsilon t\right|$，幅值在 0 到 $\frac{\sum mr}{M}\frac{\omega^2}{2\varepsilon\omega_0}$ 之间变化。由于 ε 非常小，幅值的变化周期 $\frac{2\pi}{\varepsilon}$ 值比较大，函数 $\sin\varepsilon t$ 变化缓慢。

当 $\omega \to \omega_0$ 时，幅值 $\frac{\sum mr}{M}\frac{\omega^2}{2\varepsilon\omega_0}\sin\varepsilon t \to \frac{\sum mr}{M}\frac{\omega_0 t}{2}$，

$$x \approx -\frac{\sum mr}{M}\frac{\omega_0 t}{2}\cos\omega_0 t \tag{7-13}$$

当激励频率接近固有频率时系统的响应如图 7-11 所示。由图 7-11 可知，当激励频率接近固有频率时，系统的振幅随时间逐渐增大，所以无论是启车

还是停车都应快速通过共振区，防止共振振幅无限增大，损坏弹簧或基础。

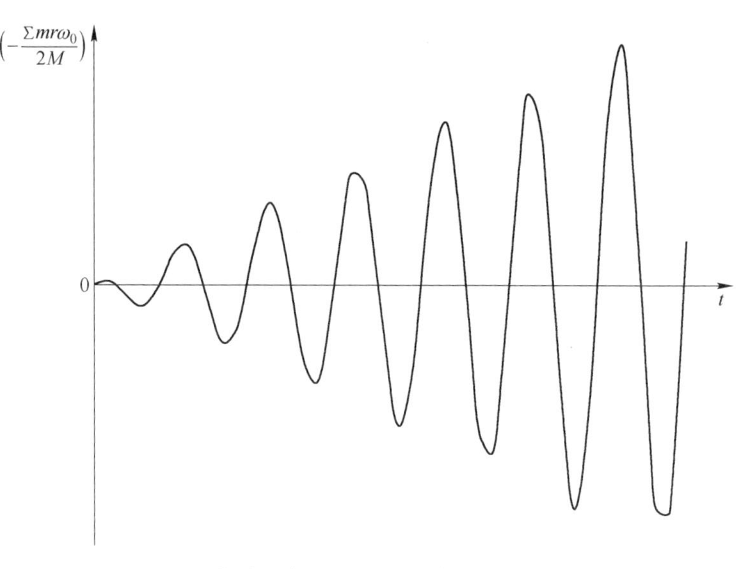

图 7-11 激励频率接近固有频率时系统的响应

参考文献

[1] 王新文. 现代选煤筛分与脱水设备 [M]. 北京：煤炭工业出版社，2015.

[2] 王新文，潘永泰，刘文礼. 选煤机械 [M]. 北京：冶金工业出版社，2017.

[3] 辛格雷苏. 机械振动 [M]. 5版. 李欣业，杨理诚，译. 北京：清华大学出版社，2016.

[4] 闻邦椿，刘凤翘. 振动机械的理论及应用 [M]. 北京：机械工业出版社，1982.

[5] 郑兆昌. 机械振动 [M]. 北京：机械工业出版社，1980.

[6] 哈通. 应用机械振动学 [M]. 桑杰礼布，姜衍礼，译. 北京：机械工业出版社，1985.

[7] 成大先. 机械设计手册 [M]. 5版. 北京：化学工业出版社，2010.

[8] 王三民. 机械设计计算手册 [M]. 2版. 北京：化学工业出版社，2012.

[9] 张恩广. 筛分破碎及脱水设备 [M]. 北京：煤炭工业出版社，1991.

[10] 王新文. 直线激振力机械振动振幅及振动方向的确定 [J]. 煤炭学报，2013，38 (1)：167~170.

[11] 王新文，韦鲁滨，孙大庆. 基于振幅稳定的煤用反共振离心机设计 [J]. 煤炭学报，2013，38 (6)：1084~1088.

[12] 王新文. 单轴振动筛运动模拟及筛面上单颗粒运动规律 [J]. 煤炭学报，2013，38 (11)：2067~2071.

[13] 马晓楠，王新文，张颖新. ZKS3661香蕉筛振幅及振动方向的研究 [J]. 煤矿机械，2014，35 (6)：71~73.